이것으로 충분한 생활

씨앗 할머니의 작은 살림 레시피

하야카와 유미 지음 • 류순미 옮김

열매하나

흙에서 태어나다

우리는 모두
무언가를 만들며 살아간다
하루하루의 생활과
가정이라는 보금자리
먹을거리
혹은 물건이기도 하다

인간의 삶이란 무엇일까
소비하는 삶?
생산하는 삶?

흔히 가정은 소비하는 곳이다
음식, 옷, 집, 차
우리들은 매일 사들인다
사고 또 사는 일상
사기 위해서는 돈이 필요하고
돈을 벌기 위해서는 일해야 한다

옛날 사람들은 텃밭에서 채소를 따서

매일 밥을 지어 먹었다

작은 밭을 갈아 씨앗을 뿌리는 밭일과

무언가를 만들어 내는 일상은 건강하다

인간의 생명 활동 그 자체인 생활

그것만으로도 이미 충분한 행복

그것만으로도 이미 충분한 삶

몸과 마음이 행복해지는

단출한 일상

작은 밭에 씨앗을 뿌리자

작은 것들을 만들어 보자

사실 가정은 생산하는 곳이다

우리는 가정 안에서

많은 걸 만들 수 있다

매일 먹는 밥

매일 입는 옷

매일 하는 잠꼬대

매일 씻는 목욕물

우리는 누구나 삶의 터전을 가꾼다

물건이 아닌 인간이 중심이 된 일상을 살자

가정이라는 뿌리를 발견해보자

가정은 인간을 낳고 기르는 곳

우리 생활의 중심이 되는 장소

세상살이의 근원

산다는 건 무언가를 만들어 내는 일이다

차례

제4장   한 땀 한 땀 생활을 만들다

초록빛 손가락으로

씨앗을 뿌리자

작은 밭을 일구자

제1장

작은 밭을

일구자

씨앗 뿌리기

작은 밭에 씨앗을 뿌립니다. '흙만 있으면' 손바닥만 한 작은 밭에서도 행복을 키울 수 있습니다. 여리고 싱싱한 채소를 따서 부엌에서 밥상을 차릴 수 있다는 건 신나는 일입니다.

냉장고가 텅 비어 있어도 괜찮습니다. 밭에만 가면 먹을 것이 있으니 마음이 든든합니다. 밭에 수그리고 앉아 루꼴라나 고수, 양상추 잎을 따서 바로 샐러드를 만들 수 있으니까요.

밭은 생명의 근원이 되는 식재료를 키우는 곳이기에 삶의 뿌리가 되는 곳이며, 부엌과 연결되어 우리 몸과 마음을 키워줍니다. 밭일은 생명 활동 그 자체입니다. 작은 밭을 갈고 씨앗을 뿌리면서 풍성하게 우거질 내일을 상상합니다. 씨앗을 뿌리고 있노라면 마음만은 벌써 부자가 됩니다.

씨앗은 정말 다양한 생김새를 가지고 있습니다. 동그란 씨앗, 세모난 씨앗, 초승달처럼 생긴 씨앗. 씨앗 한 알을 흙에 뿌립니다. 무슨 씨앗인지 몰라도 괜찮습니다. 분명 싹을 틔울 것이고 떡잎이 올라오고 쑥쑥 자라 토마토가 되거나 가지가 되겠지요.

씨앗은 자그마해도 멋진 모습을 지니고 있습니다. 씨앗은 자신이 언제 싹을 틔워야 할지 알고 있습니다. 흙 속에서 어떻게 물을 빨아들일지, 어떻게 태양과 달과 별에게서 빛을 받아들일지, 작은 씨앗은 모두 알고 있습니다.

씨앗은 엄청난 양의 정보를 우주에서 얻고, 또 흙의 기억을 이어받아 다음 세대 씨앗에게 전해줍니다. 씨앗은 지난 시간을 기억하고 현재의 기후와 바람과 하나가 됩니다. 씨앗을 뿌리다 보면 우리 인간 역시 씨앗과 다르지 않음을 깨닫게 됩니다.

[재료와 방법]

재래종 씨앗 ¦ 상토 ¦ 물뿌리개

① 땅을 부드럽게 고르고 밭에 이랑을 만들어 상토를 얇게 깔아줍니다.

② 줄뿌림을 하거나 손가락으로 구멍을 만들어 씨앗을 넣어줍니다. 잎채소나 무, 당근, 우엉, 순무, 땅콩은 밭에 직접 흩뿌리기 합니다.

봄…오이, 호박, 소송채, 오크라, 바질, 고수 등

여름…양상추, 루꼴라, 땅콩, 콩 등

가을…마늘, 무, 배추, 누에콩 등

겨울…완두콩, 쑥갓, 시금치 등

땅콩은 열매이자 씨앗이므로 그대로 심어줍니다.

모래나 돌이 많이 섞여 통기성이 좋은 붉은 상토를 부드럽게 갈아준 뒤 땅을 비옥하게 만드는
클로버 씨앗을 뿌립니다.

모종 만들기

　씨앗을 뿌려 모종을 만듭니다. 씨앗을 밭이 아닌 작은 화분에서 먼저 키우는 이유는 밭에 바로 뿌려 키우는 것보다 돌보기 쉽기 때문입니다. 매일 부엌 가까이에 두고 물을 주는데, 이렇게 모종을 직접 키우면 사는 것보다 훨씬 저렴한 데다 안심할 수 있습니다.

　모종 만들기는 아이를 키우는 일과 같습니다. 꿩이나 까마귀, 산비둘기 같은 야생 새들에게 먹히지 않고 소중히 지켜낼 수 있습니다. 춥지는 않을까, 너무 더운 건 아닐까, 물을 줘야 하나, 사랑스런 눈길로 아이를 키우듯 씨앗을 돌봅니다.

　마치 갓난아기를 초등학생 정도의 아이로 키워서 밭으로 내보내는 일이지요. 콩은 그믐에 씨를 뿌리면 보름이 되기까지 엄청난 속도로 쑥쑥 자랍니다. 직접 키운 모종을 밭으로 옮겨 심어 키운 채소의 맛은 생명력이 넘쳐서 그런지 훨씬 맛있습니다. 채소가 가진 맛만으로도 충분히 만족스럽습니다.

　채소를 잘 키우려면 약간의 비법이 필요합니다. 제게 밭일을 가르쳐주신 야에 씨는 "너무 애지중지하면 안 된다"라고 합니다. 그렇다고 물을 너무 주지 않아도 땅이 말라버리죠. 비결은 가끔 잎이 젖을 정도로만 물을 주면서 이야기를 나누는 것이라고 하네요. 식물은 움직이지 않지만 살짝 건드려주고 말을 걸면 저도 모르게 뭔가 힘을 얻게 된다고 야에 씨는 말합니다.

　식물의 세계로 빠져들어 조마조마 키우던 씨앗에서 싹이 나오면 나 자신으로부터 자유로워지는 느낌을 받습니다. 작은 식물들이 벌이는 작은 창조의 모습을 나 역시 작은 사람이 되어 바라보는 것만 같습니다. 이제 씨앗은 내 손을 떠나 자유롭게 쑥쑥 자라납니다. 모종을 키우다 보면 어느새 날개를 얻은 것처럼 자유로워지고 꿈을 꾸는 듯한 마음이 됩니다.

[재료와 방법]

재래종 씨앗 ｜ 상토 ｜ 화분 ｜ 물뿌리개

① 화분에 흙을 가볍게 채웁니다.

② 손가락으로 구멍을 만들어 씨앗을 넣습니다.

③ 싹이 자라면 밭에 이랑을 만들어 옮겨 심습니다.

④ 흙이 마르지 않도록 매일 물을 줍니다.

봄…토마토, 피망, 가지 등

여름…브로콜리, 양배추, 콜리플라워 등

가을… 완두콩, 누에콩

종이화분에 브로콜리 씨앗을 뿌립니다.

밭에 콩을 뿌리면 꿩이나 산비둘기들이 먹기 때문에 종이화분에서 먼저 키웁니다.

잎채소 키우기

평소 잎채소는 생으로 먹는 걸 즐깁니다. 자료를 찾아보니 채소 잎에 들어 있는 효소는 열에 약하다고 하네요. 채소뿐만 아니라 과일도 생으로 먹는 편이 영양 섭취에 유리한 거죠.

효소는 세포 깊숙이 자리한 미토콘드리아에까지 영향을 미친다고 하는데요. 우리들의 힘과 건강의 근원으로 알려진 미토콘드리아를 활성화시키기 위해서는 체내에 효소를 늘리는 것이 중요합니다.

저는 매일 밭에 쪼그리고 앉아 초록빛으로 물든 잎채소를 가득 땁니다. 이 일이 신나는 건 내 몸이 잎채소를 원하기 때문 아닐까요. 그중에서도 가장 좋아하는 루꼴라를 많이 땁니다. 올해도 둥근 잎의 콜티바타 루꼴라와 뾰족한 잎을 가진 와일드 루꼴라를 나란히 심었습니다. 꽃을 피운 루꼴라는 무척 예쁘고 청초합니다.

하지만 시판되는 잎채소를 생으로 먹을 때는 조심하는 것이 좋습니다. 몸에 해로운 농약이나 화학비료가 묻었을 수도 있으니까요. 안심하고 먹으려면 역시 밭에서 직접 키워야 할까요.

자연의 맛을 느끼기 위해 여러 잎채소로 샐러드를 만들어 생으로 먹어봤습니다. 루꼴라에서 깨처럼 깊은 맛이 나네요. 겨울철에 쑥갓이나 시금치를 심어두면 잎채소와 함께 수확할 수 있습니다. 허브 같은 잎채소는 약간만 들어가도 향을 더욱 풍부하게 해줍니다.

채소를 따서 물에 담가 가볍게 씻어줍니다. 그리고 커다란 천에 가득 담아 부드럽지만 확실하게 물기를 제거하죠. 잎채소는 칼을 쓰지 않고 손으로 다듬는 게 좋습니다. 별다른 소스가 없어도 소금과 올리브유를 살짝 뿌려주면 샐러드가 완성됩니다!

[재료와 방법]

양상추, 루꼴라, 어린 잎채소류 씨앗 | 상토 | 비료 | 괭이나 호미 | 모종삽

① 비료를 넣고 밭을 갈아 이랑을 만듭니다.

② 작은 씨앗이므로 상토를 얇게 깔아줍니다. 부드러운 흙에 씨앗을 흩뿌려줍니다.
  물을 주고 며칠 지나면 싹이 나옵니다.

③ 먹을 수 있을 정도로 자라면 뿌리는 남겨두고 잎만 따서 먹습니다.

무럭무럭 자란 루꼴라. 물을 좋아합니다.

밭에 쪼그려 앉아 잎을 따다 보면 손이 즐겁습니다.

몸이 원하는 잎채소 샐러드. 소금과 올리브유만으로도 맛있습니다.

콩 키우기

팥, 줄기콩, 완두콩, 누에콩, 메주콩, 땅콩 등 저는 콩을 무척 좋아합니다. 재배하기 쉬운 데다 열매가 맺힌 모습이 정말 귀엽지요. 콩을 키우면 흙 속에 있는 근류균이 증가해 땅도 비옥해집니다. 적은 비료로 누구나 키울 수 있는 것이 바로 콩입니다.

누에콩은 마치 폭신폭신한 이불에 싸여 있는 모습을 하고 있습니다. 땅콩은 쭉쭉 뻗은 줄기 아래, 뿌리 쪽에 생기기 때문에 수확하는 재미도 있지요. 누에콩이나 줄기콩, 풋콩은 잎사귀 그늘에 숨어 있어 한참을 찾아야 합니다.

대만의 윈난 요리 식당에서 먹어 본 선명한 초록색의 강낭콩 스프를 잊을 수 없습니다. 콩이 신선해서 식감이 아삭아삭하고 정말 맛있었거든요. 이 스프를 직접 만들고 싶어서 강낭콩을 두 봉지나 심었네요. 밭에서 방금 딴 콩은 부엌으로 가져가 바로 삶아 먹어야 제맛입니다.

가을이 깊어 갈 무렵 막 수확한 콩이 이웃집 마당에 데굴데굴 굴러다니는 걸 보면 흐뭇해집니다. 그중엔 이곳 다니아이 마을에 전해지는 재래종 콩이 있습니다. 다두茶豆라는 이 재래종은 강낭콩의 일종으로 꼬투리에 붉은 콩이 들어 있지요. 꼬투리가 마르면 짙은 자홍색이 되고 삶으면 찻잎처럼 갈색이 되기 때문에 다두라고 불립니다. 다두를 심는 날이 7월 15일로 꼭 정해져 있는 점이 신기합니다. 꽃이 지고 두 달쯤 지나면 수확할 수 있습니다.

다두는 전쟁이나 먹을 것이 없던 시기에 많이 키우던 작물이기도 합니다. 저 역시 오래된 이 재래종을 키우고 있어 마을 사람들에게 "다두를 키우다니 대단하네" 하고 칭찬을 받곤 합니다.

[재료와 방법]

콩 ㅣ 상토 ㅣ 화분 ㅣ 대나무 지지대 ㅣ 네트

① 화분에 흙을 넣고 3, 4군데 손가락으로 구멍을 만들어 콩을 넣습니다. 밭에 직접 흩뿌리기로도 재배가 가능하지만 이곳은 새가 많아 화분에서 모종을 만듭니다.

② 밭을 갈고 이랑을 만든 뒤 비료를 넣어줍니다. 덩굴 콩은 대나무 지지대를 세워주고 네트를 설치한 뒤 20cm 간격으로 모종을 심습니다. 덩굴이 자라면 네트에 걸쳐 놓습니다.

③ 메주콩은 6월에 화분에 씨앗을 뿌려 키운 후 20cm 간격으로 이랑에 심습니다. 재래종, 고정종인 다두(덩굴 콩)는 7월 중순에 대나무 지지대를 세우고 네트를 칩니다.

땅콩은 살짝 데쳐 먹으면 정말 맛있어서 많이 재배합니다.

마을에 전해지는 재래종 다두를 소중히 저장했습니다. 이듬해 밭에 뿌릴 콩입니다.

브로콜리 키우기

가을이 되면 브로콜리와 콜리플라워 모종을 많이 심습니다. 여름이 끝나갈 무렵 화분에 씨앗을 한 봉지씩 뿌려 보았습니다. 콜리플라워는 싹이 작거나 잘 자라지 않았지만 브로콜리는 거의 발아했네요. 15cm정도 자란 모종을 가을에 이랑으로 옮겨 심었더니 겨울이 되자 농장 일대가 브로콜리로 가득 채워집니다.

그 뒤로 매일 브로콜리를 수확해 먹었습니다. 핸드 믹서기를 사용해 달걀과 유채씨 기름, 머스터드에 소금과 식초를 섞어 마요네즈를 만들었는데 예상보다 더 맛있네요. 1월부터 다 자란 브로콜리를 수확하기 시작해서 봄이 될 때까지 매일 먹었습니다. 아침, 점심, 저녁 매끼 먹지 않으면 남아돌 정도로 양이 많았거든요.

그런데 놀라운 일이 생겼습니다. 몸에 달고 살던 꽃가루 알레르기 증상이 가벼워졌어요. 지금까지 여러 방법을 써도 나아지지 않았는데 말이죠! 정말 오래 걸렸습니다. 스물여덟 살에 결혼해 30년간 현미 채식이나 요구르트 요법, 소금물로 코 세척하기, 도꼬마리 차나 삼백초 차 마시기, 온열 건강법 등등 꽃가루 알레르기에 좋다는 방법은 모두 찾아서 시도할 정도였죠.

나중에 조사해보니 브로콜리에는 설포라판이라는 성분이 있어서 항산화 효소의 생성을 강화하고, 알레르기 증상을 억제하는 효과가 있다고 하네요. 또한 브로콜리의 어린잎에는 브로콜리의 7배에 달하는 설포라판이 함유되어 암 예방이나 간 기능 향상에 도움을 준답니다.

올해는 브로콜리의 어린잎을 먹으면서 꽃가루 알레르기 증상이 어떻게 달라지는지 관찰하려고 해요. 다시 한번 우리 몸은 우리가 먹는 음식으로 구성된다는 사실을 실감합니다. 밭과 부엌이 연결되어 몸을 고칠 수 있다고 생각하니 보람되고 설레기까지 하네요. 계속해서 브로콜리 요법의 효능을 체험해볼 생각입니다.

[재료와 방법]

브로콜리 씨앗 ｜ 상토 ｜ 화분 ｜ 비료(질소비료)

① 8월에서 10월 사이 씨앗을 뿌립니다.

② 화분에 상토를 넣고 2, 3군데 손가락으로 구멍을 만들어 씨앗을 넣어줍니다.

③ 모종이 15cm 정도 자라면 밭에 이랑을 만들어 옮겨 심습니다. 작은 모종삽으로 구멍을 파고 비료를 한 움큼 넣어준 다음 그 위에 모종을 30~40cm 간격으로 심습니다.

브로콜리에 직접 만든 두부 마요네즈를 곁들여 먹기도 합니다.

참마 키우기

옛날 신석기 시대에 살았던 조몬인도 참마를 먹었다고 합니다. 참마는 조몬인이 밤이나 도토리와 함께 화전에서 재배했을 정도로 일본 식생활의 뿌리입니다. 특히 흙이 가진 힘과 맛을 깨닫게 해주지요.

땅속 하나의 원주형 육질 뿌리에서 15개 정도의 어린 참마가 자라는데, 어린 참마에는 조몬 시대부터 계속 이어져온 이 땅의 기억이 있습니다. 이곳 다니아이 마을의 힘도 그렇게 이어지는 것이지요.

음력 8월 15일과 9월 13일에 열리는 보름달 행사는 갈대로 장식한 제단에 찐 참마를 올리는 소박한 연례행사입니다. 조몬 시대부터 이어져 온, 달을 숭배하는 고대 풍습이죠. 우리집에서도 일상적으로 치르는 풍습이 먼 과거로부터 유래한다는 사실을 떠올리면 신비한 생각이 들어요. 마치 조몬인들과 연결되는 것 같아 행복합니다.

그 오랜 시대부터 제단에 참마를 올렸던 건 여성들이 아니었을까 싶습니다. 달과 이어진 여성의 몸, 부모 참마의 몸에서 나와 가득 붙어 자라는 어린 참마의 모습을 떠올리며 다산의 소원을 담아 참마를 제단에 올리고 기도했겠지요.

제가 무척 좋아하는 참마를 멧돼지나 사슴도 좋아하나 봅니다. 밭에서 키우는 참마를 거의 절반이나 먹어 치우는 바람에 속상했던 기억도 있습니다. 하지만 인간도 동물도 참마를 모두 먹어 없애지 못할 정도로 참마는 생명력이 강합니다. 자연재해가 닥쳐도 어딘가에 참마가 있다고 생각하면 아주 큰 힘이 됩니다. 땅속에서 살아 숨 쉬고 있는 자연 저장고라고도 할 수 있죠. 소박하지만 감동적인 깊은 맛을 가진 참마. 존재 자체로 완벽하고 완전한 식재료입니다.

[재료와 방법]

참마 종자(싹이 나온 것) ┃ 괭이 ┃ 모종삽 ┃ 비료

① 4월에 밭을 갈아 이랑을 만듭니다. 이때 참마 종자는 이랑에 심는 것이 아니라 이랑과 이랑 사이인 고랑에 심습니다(흙을 덮을 때 수월하기 때문이라는 야에 씨의 지혜).

② 비료 한 움큼을 넣고 그 위에 흙을 뿌린 후 종자를 심고 다시 흙으로 덮어줍니다. 간격은 40cm 정도.

③ 가장 너운 8월에는 참마 주변의 잡초를 제거해줍니다. 뽑은 잡초로 뿌리 주위를 덮은 뒤 그 위에 다시 이랑의 흙을 덮어 두둑하게 만듭니다. 이 과정을 두 번 정도 되풀이합니다.

④ 본격적인 수확은 11월이지만 그 전인 음력 9월 13일 중추절에 한 번 수확해서 갈대와 함께 제단에 올립니다(중추절 하면 경단을 떠올리기 쉽지만 고대에는 경단이 아니라 참마를 올렸답니다). 이때부터 조금씩 수확해 먹을 수 있습니다. 11월쯤 잎이 누렇게 마르면 마저 수확합니다. 다음 종자를 위해 몇 개는 그대로 남겨둡니다.

채소 꽁지로 퇴비 만들기

제가 어렸을 때, 할아버지가 음식물 쓰레기를 작은 텃밭에 묻던 모습을 잊을 수가 없습니다. 지금도 가끔 그 광경이 떠오르곤 합니다. 할아버지에겐 쓰레기가 아니었던 거죠.

오래전부터 흙이라는 존재는 인간에게 커다란 안식이었습니다. 먹을 것을 내어주는 흙. 인간이 돌아갈 흙. 그런 흙이라는 안식처로부터 현대사회는 너무 멀리 떨어져 있는 건지도 모르겠습니다.

저는 도시에 살던 예전부터 남은 음식물을 쓰레기 수거함에 내다 버리기보다 흙으로 돌려보내고 싶었습니다. 그런 작은 생각이 모여 이곳 고치현에 있는 산으로 이주한 것 같아요. 채소 꽁지라도 어쩐지 쓰레기로 버리는 일이 내키지 않았던 고집이 삶의 커다란 뿌리로 이어졌다고 생각합니다.

무나 당근의 꼭지와 꽁지를 법랑 용기에 넣어 모아둡니다. 부엌에서 나온 채소가 제법 모이면 부엌 툇마루에 놓아둔 큰 양동이로 옮기고, 다시 양동이가 가득차면 농장의 나무 퇴비 상자에 가져갑니다.

나무로 만든 큼지막한 퇴비 상자는 부엌과 연결된 밭에 놓아두었습니다. 실은 바닥이 뚫려 있어 상자 밑은 그냥 흙입니다. 채소 꽁지뿐만 아니라 베어낸 잡초, 낙엽, 쌀겨, 나뭇조각 같은 것도 조금씩 넣어주죠. 1년 정도 지나 위아래를 뒤엎어주면 뜨끈뜨끈한 퇴비가 완성됩니다.

퇴비를 밭고랑에 뿌리면 채소의 영양분이 되어 우리 몸으로 돌아오겠지요. 내가 세상에 행한 일은 이렇게 다시 나에게 돌아옵니다.

사람은 흙과 떨어져서 살 수 없다는 말이 있습니다. 흙에서 태어나 흙으로 돌아가는 자연의 순환 속에서 채소가 자라고 우리는 그걸 먹으며 살아갑니다. 채소를 땅으로 보내 퇴비를 만들어 보는 일은 순환하는 자연과 연결되는 일입니다. 우리는 그 과정 속에서 흙과 흙으로 돌아가는 일을 기분 좋게 마주할 수 있습니다.

[재료와 방법]

작은 법랑 용기 ┃ 큰 양동이 ┃ 밭에 두고 쓰는 나무 상자 ┃ 낙엽, 풀, 흙, 쌀겨, 나뭇조각

① 요리에 쓰고 남은 채소 꽁지나 차를 우려내고 남은 찻잎을 법랑 용기에 넣습니다.

② 제법 모아지면 이번엔 큰 양동이에 옮겨 담습니다.

③ 양동이까지 다 채워지면 밭에 있는 퇴비 상자로 옮겨 담는데 이때 풀이나 낙엽, 흙, 쌀겨, 나뭇조각을 함께 넣고 섞어줍니다.

④ 퇴비가 상자에 가득차면 흙으로 덮어두었다가 1년쯤 삭힌 뒤 비료로 씁니다.

법랑 용기에 채소 꽁지나 껍질을 모아둡니다.

마당에 있는 양동이에 담았다가 가득차면 다시 나무 상자로 옮깁니다.

마늘 자급자족

제 건강 비결은 마늘과 생강입니다. 이것들을 자급자족한다면 정말 멋진 일이겠지요. 게다가 농약을 쓰지 않고 무기비료로 키운다면 더욱 안심하고 듬뿍 넣어 먹을 수 있습니다.

부엌에 없으면 곤란한 것이 마늘과 생강 그리고 파입니다. 특히 파는 항상 밭에서 딸 수 있도록 키우고 있습니다. "밭농사 지으면서 파도 없어?"라는 말을 듣지 않으려고 언제든 먹을 수 있도록 많이 심어 놓았답니다.

마늘은 농장에 밭이랑을 세 줄로 길게 만들어 심었습니다. 근방에서 재배하는 열대아시아 품종으로 껍질이 붉어 붉은 보석이라고도 불리는 마늘입니다. 여기에 토사마늘이라는 재래종, 조금 추운 지방에서 재배되는 육쪽마늘도 심었습니다.

마늘은 보통 여섯 쪽에서 여덟 쪽으로 갈라지는데 이것이 각각 마늘 종자가 됩니다. 종자 하나가 다시 마늘 한 통이 된다고 생각하면 상당한 이득이지요. 밭에 1년 치 마늘이 있다는 생각만으로도 마음이 놓이는 게 마늘 자급자족의 장점입니다.

고치 지역에서는 12월경부터 채소 가게에 대파를 닮은 풋마늘이 나옵니다. 이 지역에서는 설날에 세상에서 가장 큰 것을 먹어야 한다는 풍습이 있어 고래나 소고기 전골을 먹는데, 이 전골 음식에 빠지지 않는 것이 풋마늘입니다. 풋마늘은 반드시 붉은 마늘의 어린잎이어야 한다는군요.

네팔 여행에서 아이들과 함께 먹었던 물소전골에도 풋마늘이 들어 있었습니다. 일본에서도 남쪽 지방인 고치 지역은 동남아시아와 기후적으로 가깝기 때문에 비슷한 채소를 먹는 것 같습니다.

[재료와 방법]

마늘 종자 ι 비료, 재 ι 호미나 괭이 ι 모종삽

① 9월에 밭을 갈고 비료와 재를 섞은 뒤 이랑을 만들어 잠시 방치합니다.

② 15cm 간격으로 마늘 종자를 심고 흙을 3~5cm 정도 덮어줍니다.

③ 싹이 나면 11월과 이듬해 2월에 비료를 주고 잡초를 뽑아줍니다.

④ 수확은 5월경. 꽃대가 올라오면 마늘이 굵어지지 않기 때문에 꽃대를 잘라줍니다. 전체적으로 누렇게 마르면 수확을 시작합니다.

⑤ 수확한 마늘은 밭에서 잔뿌리를 제거하고 반나절 햇볕에 말립니다.

[마늘 저장법]

① 반나절 정도 말린 후 6줄기씩 땋아서 처마 밑에 매달아 건조시킵니다. 껍질을 벗겨 채 썬 후 올리브오일에 담급니다. 한 달 정도 저장 가능합니다. 기름에 튀겨서 마늘기름을 만들 수도 있습니다. 9월 이후에는 껍질을 벗겨 냉동 저장합니다.

9월에는 마늘 종자를 심습니다.

마늘은 기름 혹은 간장에 절이거나 마늘기름으로 만듭니다.

씨앗과 소통하는 달

제가 달과 함께 살기로 한 건 음력과의 만남이 계기였습니다. 예로부터 사용해왔던 음력은 달의 주기에 맞춰져 있습니다. 그것을 따라 살아 보기로 했죠. 우리 마을은 지금도 행사 일정을 잡거나 씨 뿌리기를 할 때 음력 날짜를 확인합니다.

지구 주위를 빙글빙글 돌고 있는 달. 이 달의 인력이 바다의 밀물과 썰물을 만들듯이, 달이 차거나 기울 때면 식물이나 사람도 영향을 받습니다. 보름달이 뜨면 달의 인력으로 수면이 올라가는데 그래서인지 보름달이 떴을 때 씨를 뿌리면 잘 자란다고 합니다.

식물 역시 씨앗 속에 달의 정보를 품고 있습니다. 달의 기울기나 달빛의 영향을 받아 발아할 때를 기다린다네요. 이 마을에도 "보름에 수확하면 무에 바람이 드니까 그믐날 수확한다"라는 말이 전해집니다. 옛날 사람들은 달이 차고 기우는 것을 가늠하며 농사를 지어온 것이죠.

씨앗이 달과 연관이 있다는 것을 『아나스타시아』(블라지미르 메그레 지음, 한병석 옮김, 한글샘)라는 책에서 보고 알았습니다. 주인공 아나스타시아가 씨앗이 달빛을 받아들인다고 말하는 장면이 있는데, 달과 씨앗이 서로 소통하고 있다는 생각이 신기하고 놀라웠습니다.

게다가 식물이 자라는 동안 씨앗을 뿌린 사람과의 소통이 필요하므로 보름밤 식물에게 다가가 함께하는 것도 중요하다고 하네요.

여성의 자궁도 달의 리듬과 연결되어 있습니다. 아주 먼 옛날 여성들은 모두 보름이나 그믐에 생리를 했다고 합니다. 식물 중에도 그믐날 뿌려야 하는 씨앗과 보름날 뿌려야 하는 씨앗이 있는 것처럼, 마찬가지로 사람에게도 보름 혹은 그믐에 배란이 일어났었나 봅니다.

또한 보름은 에너지가 꽉 찬 때라서 그런지 출산이 많다고 하고, 그믐날은 정화하는 시기로 새로운 일을 시작하거나 청소가 하고 싶어지기도 합니다. 달의 리듬은 씨앗에도, 우리들 마음에도 영향을 미치는 것이지요.

[재료와 방법]

① 뿌리채소의 씨뿌리기는 보름에 해야 합니다. 콩, 잎채소, 과일은 그믐에 합니다.

② 보름에는 잎채소, 양상추, 소송채, 시금치를 수확합니다. 그믐에는 뿌리채소, 저장 곡물, 감자, 참마를 수확합니다.

③ 풀 뽑기는 보름 전후에 해줍니다.

④ 종자 채집은 그믐에 해야 합니다.

참조 : 『와코요미』(와코요미 출판)

보름달이 뜨면 무척 밝아서 달빛을 받으며 산책할 수 있습니다.

생강 자급자족

처음 몇 년간 생강 농사는 실패했습니다. 책에서 읽은 대로 생강을 잘게 툭툭 잘라 심었는데 어느 사이엔가 감쪽같이 사라져버리곤 했죠.

다행히 생강 가게에서 일하던 아들 쇼헤이가 생강 심는 법을 가르쳐주었습니다. 덕분에 연작하면 장애가 생기기 쉽다는 것과 너무 잘게 자르면 세균이 침투해 썩어 버린다는 사실을 알았지요. 그래서 지금은 생강 종자를 자르지 않고 통째로 심고 있습니다.

그랬더니 종자와 크기가 비슷하거나 조금 더 큰 생강을 한가득 수확할 수 있었습니다. 생강은 유기질이 풍부하고 촉촉한 땅을 좋아합니다. 흙이 마르는 걸 싫어하므로 짚이나 쌀겨 같은 것으로 덮어주면 좋습니다.

이 지역 산의 흙은 생강과 궁합이 잘 맞아서 황금생강이라고도 불리는 노랗고 매콤한 생강을 수확하게 되었지요. 생강은 참마와 공영식물이어서 서로 가까이 심는 것이 좋다고 합니다. 참마가 자라서 그늘을 만들어주기 때문이죠.

1년 내내 따뜻한 동남아시아가 원산지인 생강 종자를 저장하는 것은 어려운 일이라 저 역시 실패를 거듭했습니다. 농가에서는 겨울에 생강을 저장하기 위해서 저장고 혹은 암실을 이용하거나 땅속에 저장한다고 합니다. 저는 스티로폼 상자에 숨구멍을 뚫고 흙이 묻어 있는 채로 젖은 신문지에 싸서 저장했습니다.

그런데 온도 관리가 쉽지 않았습니다. 침실에 두고서 두터운 이불로 덮고 온도계를 설치한 뒤 인도산 칸타퀼트를 이중으로 둘러주기까지 했죠. 그런 뒤 애정을 가지고 생강 상자를 소중하게 지켜보니 비로소 순조롭게 보관할 수 있었어요. 무농약, 유기재료로 키운 생강을 내년 봄에 다시 심을 수 있을 때까지 마치 내 몸처럼 따뜻하게 돌봅니다.

[재료와 방법]

생강 종자 ǀ 쌀겨 ǀ 비료, 재 ǀ 괭이 ǀ 모종삽

① 4월에 밭을 갈아 비료와 재를 넣고 이랑을 만든 후 얼마간 방치합니다.

② 생강 종자는 싹이 위를 향하도록 20cm 간격으로 심습니다. 쌀겨를 흙이 보이지 않을 정도로 듬뿍 뿌려줍니다.

③ 싹이 터서 크게 자라면 잡초를 뽑고 비료를 뿌립니다.

[생강 저장 방법]

① 생강은 11월에 수확하고, 햇생강과 종자생강으로 나눕니다. 햇생강은 가능한 빨리 먹습니다.

② 종자는 흙이 묻어 있는 채로 젖은 신문지에 싸서 쌀겨를 채운 스티로폼 상자에 넣어 실내에서 보관합니다. 기온은 약 13도를 유지하도록 합니다.

제 2 장

나무에게

배운다

나무를 심으면 행복하다

열매를 맺는 큰 나무로

자랄 때까지

나무와 나의 시간이

하나가 된다

과일나무 심기

　봄이 오기 전에 과일나무 묘목 한 그루를 심어봅니다. 1m 정도 동그랗게 땅을 파서 바닥에 약간의 질소비료를 넣고 흙으로 덮은 다음 묘목을 심습니다. 그리고 잎을 부드럽게 매만지거나 흔들어줍니다.

　마지막으로 양동이 가득 물을 길어와 듬뿍 뿌려줍니다. 이렇게 직접 심은 과일나무가 매실, 밤, 감, 비파, 살구, 자두, 복숭아, 피자두, 사과, 귤, 코나츠, 유자, 미생감귤, 금귤, 불수감귤, 영귤, 석류, 피칸, 호두, 레몬, 블루베리, 블랙베리, 라즈베리, 앵두 등으로 하나둘씩 늘었습니다.

　나무를 심으며 행복을 느끼는 건 심고 가꾸는 과정에서 묘목과 나의 시간이 어느 사이엔가 하나가 되기 때문입니다. 처음에는 작고 여린 아이처럼 돌봅니다. 마치 어렸을 때 제 몸에 엄마가 물을 부어주었던 것처럼 정성스럽게 묘목에 물을 줍니다.

　봄이 오고 싹이 트면 점차 작고 부드러운 연둣빛 어린잎이 달리기 시작합니다. 그러면 아궁이나 벽난로에서 나온 재를 뿌리 부근에 뿌려줍니다.

　장마철에는 묘목이 물에 잠기지 않도록 뿌리 주위에 둥글게 고랑을 파줍니다. 묘목처럼 아직 어린 나무는 잡초와의 싸움에서 지기 때문에 잡초를 제거해줍니다. 이때 잡초를 제거하는 과정에서 묘목이 다치지 않도록 빨간 리본을 달아 쉽게 구별할 수 있게 해두면 좋습니다.

　과일나무를 심으면 어서 큰 나무로 자라 열매가 열리기를 바라는 마음 때문인지 기다리는 시간이 더디게 느껴집니다. 하지만 어느새 올려다봐야 할 정도로 키가 크게 자랍니다. 특히 저는 열매를 따기 위해 나무에 오르는 일이 즐겁습니다. 수렵채집 시대에 잠든 야생의 감각이 스멀스멀 올라오는 느낌이랄까요. 이렇게 작은 다랑이 과수원에서 직접 열매를 따 먹는 재미가 쏠쏠합니다. 나무라는 식물은 얌전하고 평화스러운 녀석들입니다. 그리고 인간의 보살핌에 반드시 답을 주죠. 나무는 우리를 기쁘고 행복하게 만들어줍니다.

[재료와 방법]

과일나무 묘목 ∣ 큰 삽 ∣ 비료(질소비료) ∣ 퇴비

① 과일나무를 심는 시기는 겨울입니다. 11월에서 2월 사이에 직경 70cm~1m 정도의 구덩이를 팝니다.

② 비료를 넣고 퇴비와 섞은 흙을 뿌려줍니다.

③ 구덩이 한가운데에 묘목을 심습니다.

④ 묘목이 어릴 때는 주변 잡초를 제거해줍니다. 겨울철에는 뿌리 부근에 비료를 뿌려줍니다. 장마철에는 뿌리 부근에 고랑을 파주어 뿌리가 썩지 않도록 합니다. 겨울나기가 힘겨운 레몬이나 유자는 잡초를 베어 뿌리 부근에 덮어줍니다.

토종꿀벌 기르기

난생처음 토종꿀벌이 만든 꿀을 먹어 보았던 순간, 생명력 넘치는 야생의 맛과 향에 감동했습니다. 그러곤 벌목 일을 하는 세이치 씨에게 이 마을에 전해 내려오는 전통적인 채집 방법을 배운 뒤 벌꿀 채집에 푹 빠지게 되었죠.

과수원에 비파와 매실과 복숭아꽃이 피면 토종벌이 꿀을 모으기 시작합니다. 꿀벌을 잘 관찰하면 엉덩이를 흔들며 8자 춤을 추거나 앞다리를 비벼 자기들끼리 꿀에 대한 정보를 교환하는 모습을 볼 수 있습니다. 뒷다리에 동그랗고 노란 꽃가루 덩어리를 매달고 있는 모습은 어찌나 귀여운지 보고 있으면 저절로 흐뭇해집니다.

벌집에 있는 여왕벌과 일하는 벌은 모두가 암컷으로 모계사회입니다. 새로운 여왕벌이 태어나면 옛 여왕벌은 일벌 일부를 데리고 벌집을 떠납니다. 어디로 갈지는 탐사를 떠났던 꿀벌들이 회의를 해서 정한다지요. 평화로운 꿀벌의 세계에서 배울 점이 많습니다.

누구라도 벌통만 있으면 토종벌을 키울 수 있습니다. 이른 봄, 작은 과수원이나 숲 사이사이에 벌통을 30여 개 설치해두면 1년에 2~3통, 많을 때는 8통 안에 토종벌 무리가 날아 들어옵니다. 이후 7월말쯤에 꿀을 짭니다. 1.8리터로 3병 정도 채집하면 숲의 선물인 벌꿀을 자급자족할 수 있습니다. 아침에 벌꿀 한 숟가락 정도를 목을 축이듯 먹으면 면역력을 높일 수 있습니다.

환경 파괴로 작은 꿀벌들이 지구에서 사라진다면 그 뒤로 인간은 불과 4년밖에 살지 못한다는 말이 있습니다. 꿀벌은 우리가 섭취하는 거의 모든 식물의 수분을 담당하기 때문입니다. 꿀벌을 소중히 키우는 일은 인간을 비롯한 많은 생명을 위하는 것이기도 합니다.

[재료와 방법]

벌통(통과 받침대) ㅣ 시멘트블록 3장 ㅣ 돌 1개 ㅣ 함석판 ㅣ 철사 ㅣ 꿀

① 벌통을 설치할 장소를 정해서 시멘트블록 2장을 나란히 깔아둡니다.

② 벌통과 함석판 사이에 작은 돌을 넣어 함석판을 비스듬하게 기울여 놓습니다.

③ 벌통이 바람에 날아가지 않도록 시멘트블록과 벌통과 함석판을 철사로 고정시킨 후 무거운 시멘트블록을 올려놓습니다.

④ 벌통 입구에 꿀을 듬뿍 발라줍니다.

⑤ 4월에서 6월 사이에는 벌이 이사하기 때문에(분봉) 일주일에 한 번은 벌통을 살펴봐야 합니다. 벌집을 먹으며 사는 꿀벌부채명나방이 생긴 벌통은 벌통 안을 버너로 그을려 꿀벌부채명나방의 알을 제거합니다. 그 후 벌통 내벽에 매실 주스를 바릅니다. 벌통 입구 위에도 꿀을 바릅니다.

참조 : 『씨 뿌리는 사람의 물건 만들기』(아노니마 스튜디오)

새 벌통을 설치했습니다.

가운데 벌통에는 벌꿀이 가득합니다. 가지에 매달아 놓은 페트병은 말벌을 잡기 위한 함정입니다.

토종벌이 모은 천연 꿀은 숲의 선물입니다.

천연 밀랍 크림 만들기

밀랍은 꿀벌이 주는 두 번째 선물입니다. 꿀을 채집하고 나면 밀랍을 채취하는데, 무척 간단합니다. 밀랍이란 꿀벌이 만든 벌집을 말합니다. 밀랍은 일벌의 몸통에 있는 분비선에서 나오는데, 벌집을 만들 때 사용하는 투명한 액체입니다. 여기에 꿀벌이 알을 키우기 위해 모아둔 꽃가루라든지 프로폴리스가 묻어서 아름다운 황금색이 됩니다.

밀랍으로는 양초를 만들 수 있는데, 중세 유럽의 교회에서 사용하던 방법이라고 합니다. 밀랍초를 켜면 영롱한 불빛과 달콤하고 그윽한 벌꿀 향에 황홀해지죠.

또 밀랍으로 만든 크림 역시 훌륭합니다. 꿀벌이 만든 천연 제품이어서 먹어도 괜찮을 정도라 어린아이에서 노인까지 안심하고 사용할 수 있습니다. 손이나 입술에 사용해도 되고, 얼굴은 물론 온몸에 발라도 좋지요.

밀랍에는 비타민, 미네랄, 카로틴 등 피부에 좋은 영양분이 듬뿍 들어 있어서 피부가 매끄럽고 반짝반짝 윤이 납니다. 게다가 밀랍에는 보습 효과뿐 아니라 살균, 소염 효과도 있습니다. 그래서 피부염증이나 화상, 아토피에 잘 든다고 합니다.

한번 바르면 밀랍의 얇은 막이 피부를 매끄럽게 합니다. 건조한 겨울철에 설거지를 하고 나서 손이나 얼굴, 온몸에 듬뿍 발라주면 효과가 좋습니다.

매년 벌꿀을 채집하고 나면 도시락만한 밀랍이 남습니다. 이렇게 남은 밀랍은 왁스로 만들어 마룻바닥이나 가구, 가죽 제품을 닦는 데 사용하지요. 얇은 막이 표면을 코팅해주고 색상도 근사해집니다.

가끔 토종벌이 밀랍을 핥기 위해 제 손이나 얼굴에 다가옵니다. 이제는 그런 벌이 무섭기는커녕 오히려 귀엽게 느껴져서 가까이 오는 걸 은근히 기다리게 되네요.

[재료와 방법]

알루미늄 통 ㅣ 체 ㅣ 거즈 ㅣ 꿀을 채집한 뒤 남은 벌집 ㅣ 유채씨기름 ㅣ 밀폐 용기 ㅣ 안 쓰는 냄비

① 큰 냄비에 물을 붓고 불을 켭니다. 벌집을 넣고 끓기 시작하면 알루미늄 통에 채를 걸쳐둡니다.

② 벌집이 녹으면 체로 걸러냅니다. 통에 밀랍이 모입니다.

③ 두세 번 더 소쿠리 위에 거즈를 대고 걸러주면 더욱 말끔한 밀랍을 얻을 수 있습니다.

④ 밀랍과 유채씨기름을 5:1 비율로 섞은 뒤 끓입니다. 밀폐 용기에 넣어 굳힌 뒤 사용합니다.

벌집이 밀랍입니다.

밀랍과 유채씨기름으로 크림을 만들었습니다.

과수원 잼 만들기

작은 과수원에서 수확한 제철 과일로 잼을 만듭니다. 제철 과일을 농축시켜 만든 잼은 놀라우리만치 맛있습니다. 제철 과일에 조제당으로 살짝 단맛을 가미해 만드는데, 갈색을 띠는 이 조제당에 맛을 들이면 백설탕을 사용하는 시판용 잼이나 과자는 단맛이 너무 강하게 느껴집니다. 이렇게 만든 잼은 아침에 먹는 팬케이크에 빠질 수 없죠. 상큼한 신맛과 은은한 단맛을 지니고 있어서 두유 요구르트와도 잘 어울립니다.

열매를 얻기 위해 자두나 살구, 앵두, 매실, 블루베리 등을 과일나무에서 직접 따는 시간은 정말 즐겁습니다. 우리 인간들에겐 나무에 올라가 제 손으로 직접 과일을 따는 경험이 살아가는 데 꼭 필요한 건지도 모르겠습니다.

나무 아래에서 방금 딴 열매를 아삭아삭 베어 먹는 것이 맛의 비결입니다. 즙이 줄줄 흐르는 과일을 한입 베어 물면 놀라운 맛이 느껴지죠. 특히 씨앗에 가까운 부분이 가장 맛있어서 근원적인 맛에 대해 다시 생각해보게 됩니다. 어쩌면 본질적인 먹을거리를 찾고 근원적인 맛을 음미하려고 노력하는 일 자체가 인간의 근원이 아닐까요.

할아버지 할머니가 첫 손주인 제게 화롯불에 남은 열기로 식빵을 바삭하게 구워주셨던 일이 생각납니다. 타닥타닥 재가 튀어 오르는 냄새와 식빵 굽는 냄새가 섞이면 잼을 맛볼 시간이 되었다는 뜻이죠. 당시로서는 귀했던 버터를 버터나이프로 살짝 덜어 내 바삭하게 구워진 식빵에 싹싹 바르고, 부엌에서 보글보글 끓던 뜨거운 핑크색 홍옥사과 잼을 듬뿍 발라 호호 불어가며 먹었습니다.

그날의 추억이 제 몸속에 맛과 향기로 또렷이 각인되어 있습니다. 먹을거리에 대한 기억이 삶을 지탱해주는 원동력이 되어주는 셈이지요. 그래서 저는 먹는 것을 소홀히 하면 안 된다고 생각합니다. 애정을 담아 만든 음식은 그걸 먹는 사람의 인생 그 자체에 큰 영향을 줍니다.

[재료와 방법]

과수원에서 딴 과일(살구, 매실, 블루베리, 자두, 앵두, 유자 등) | 조제당

① 냄비에 과수원에서 딴 제철 과일과 조제당을 넣고 보글보글 끓입니다. 색이 변하는 과일은 레몬을 조금 넣어주면 완성되었을 때 더욱 예쁜 색감을 낼 수 있습니다.

② 완성한 잼을 끓는 물로 소독한 병에 넣어 냉장고에서 보관합니다.

위° 작은 과수원에서 딴 자두.
아래 오른쪽° 살구.
아래 왼쪽° 블루베리.

효소 주스 만들기

효소 주스는 저의 에너지원입니다. 여러 가지 과일이 열리는 5월 말쯤 담그기 시작해 두고 두고 먹는 숙성 주스라고도 할 수 있죠. 효소는 소화 흡수에 꼭 필요한 것입니다. 음식의 영양분을 에너지로 바꿔주고 상처를 낫게 해주는 역할을 합니다. 건강의 근원인 세포 속 미토콘드리아가 필요로 하는 바로 그것이죠.

더운 여름날 밭일을 하고 땀을 많이 흘렸을 때 효소 주스를 탄산수나 물에 타서 마시면 포도당이 흡수되어 힘이 불끈 솟는답니다. 처음엔 백설탕이 몸에 안 좋을 것 같아서 흑설탕이나 조제당으로 만들었습니다. 그런데 발효도 더딘 데다 떫은맛과 쓴맛이 생겨 맛이 없더라고요. 알고 보니 흑설탕과 조제당은 과일에 제대로 침투되지 않아 과즙을 추출하기 힘들다고 합니다.

얼음설탕을 써 봤더니 이번에는 깔끔하고 싱그러운 맛이 났습니다. 처음에는 백설탕을 쓰기 저어되었지만 효소를 만드는 과정에서 포도당과 과당으로 분해된다는 사실에 마음을 조금 놓았습니다. 백설탕은 효소가 먹는 양분이자 에너지로서 막걸리를 만들 때 쓰는 고두밥처럼 일종의 시동 장치인 셈이죠.

매일 효소 주스를 마셔 보면 알 수 있습니다. 황홀한 향기가 나면서 은은한 단맛이 느껴지면 성공. 쓸쓸하고 단맛이 부족하다고 느껴지면 효소가 먹을 얼음설탕이 부족하다는 뜻입니다. 조금씩 맛을 보며 설탕량을 조절해주고, 그때마다 효소를 매일 맨손으로 휘저어주는 것이 맛의 비결입니다. 손에 있던 상재균이 효소 주스에 들어가도록 하는 것이죠. 내 몸에 사는 상재균을 위장으로 보내어 스스로 몸을 치유한다는 생각으로 효소를 저어줍니다.

이렇게 만든 효소 주스는 마치 살아 있는 생물 같습니다. 온도가 높아져 따뜻해지면 부글부글 끓어올라 닫아둔 밀폐 용기가 뻥하고 열릴 정도입니다. 그러므로 발효가 활발하게 일어날 때는 용기 위를 거즈나 천으로 덮고 고무줄로 고정시켜줍니다. 효소 주스가 발효하며 살아 숨 쉬는 모습이 사랑스럽습니다.

[재료와 방법]

딸기, 살구, 매실, 자두, 사과, 수박, 블루베리 | 얼음설탕 | 손이 들어갈 정도의 밀폐 용기(끓는 물에 소독한 것) | 거즈 | 고무줄

① 큰 과일은 몇 조각으로 나눠 자르고 작은 과일은 껍질 그대로 사용합니다.

② 병에 넣고 얼음설탕과 과일을 번갈아 넣어줍니다. 거즈로 병을 덮어주고 고무줄로 고정합니다.

③ 집에서 가장 서늘한 장소에 보관하고 매일 손으로 저어줍니다.

④ 신맛이나 쓴맛이 나면 과일과 얼음설탕을 보충해줍니다.

매일 손으로 저어줍니다.

여름날에 즐기는 여유. 탄산수를 섞어 마십니다.

들풀차, 차나무 심기

차는 식물이 인간에게 주는 선물입니다. 매일 차를 마시는 시간은 더없이 행복한 때입니다. 가족이나 손님들과 함께 차를 마시며 잠시 여유를 즐기기도 하지요. 마을에서 나는 물로 내린 차는 몸속으로 들어가 적당한 카페인으로 몸을 깨워줍니다. 입춘으로부터 88일째 날에 딴 찻잎으로 차를 우려마시면 장수를 한다는 말도 있습니다.

처음 찻잎을 따던 날, 어린잎을 따면서 손으로 느꼈던 감각이 무척 좋았습니다. 컴퓨터로 일하던 손과 찻잎을 따는 손이 같은 손이라는 게 믿어지지 않을 정도였죠. 부드러운 어린잎을 만질 때는 손도 즐거워하는 것 같습니다.

밭일을 할 때라든지 바질이나 고수를 딸 때도 저는 식물의 훌륭함에 감동하곤 합니다. 식물은 인간에게 멋진 선물을 주는 존재입니다. 식물을 직접 심고 기르다 보면 식물에게 내 존재가 전해지는 듯한 기분을 느낄 때가 있습니다. 식물과 나 사이에 일종의 기운이 흐르는 것 같죠.

다랑이 여기저기 자생하는 차나무의 찻잎을 따서 한 해 동안 마실 홍차를 만듭니다. 들풀차는 차풀차, 허브차, 동백나무차를 덖어서 만듭니다. 차풀차는 고치 지역에서 에도시대부터 자주 마시던 차로 콩과 식물인 차풀은 며느리감나물이라고도 불립니다. 어릴 때 꼬투리로 풀피리를 만들어 놀던 가는 살갈퀴와 닮았지만, 전혀 다른 식물입니다. 노란 꽃이 무척 예쁜 풀이지요.

차풀을 재배해 수확하고 건조시킨 다음 덖어서 차를 만듭니다. 몸에 독소가 쌓이면 혈액순환이 나빠지는데 차풀차를 마시면 소변도 잘 나오고 변비도 사라집니다. 카페인이 없어서 아이와 노인까지 안심하고 마실 수 있습니다.

들풀차는 면역과 바로 연결된 목 건강에도 좋다고 합니다. 그래서 자주 마시는 사람은 건강하고 오래 산다는 말이 있습니다. 넓은 대지에서 자라는 들풀로 차를 만들어 마시면 마음에 평온함을 느낄 수 있습니다.

[재료와 방법]

차나무 묘목ㅣ모종삽ㅣ질소비료(계분비료는 안 됨)

① 구덩이를 파고 바닥에 질소비료를 한 줌 넣어줍니다.

② 차나무 묘목을 심고 흙으로 덮어줍니다.

③ 물을 듬뿍 줍니다.

[들풀차 만드는 법]

① 찻주전자에 소량의 찻잎을 넣습니다.

② 끓인 물을 넣고 2분간 우려낸 뒤 마십니다.

찻잎 따기는 손이 즐거워하는 일입니다.

허브는 가지에서 잎만 따서 말립니다.

닭 키우기

어렸을 적 초등학교 정문 옆에서 병아리를 팔았습니다. 샛노란 병아리에게서 눈을 뗄 수 없었지요. 집으로 돌아와 엄마한테 "병아리 키워도 돼?" 하고 물었더니 "안 돼!"라고 했습니다. 농가에 사는 친구가 병아리를 샀다고 해서 무척 부러웠습니다. 당시 우리는 아파트 3층에 살고 있었습니다.

그때 어른이 되면 꼭 병아리를 키우리라 결심했던 저는 20대부터 닭을 키우기 시작해 알에서 병아리가 부화하는 모습을 여러 번 지켜보았습니다. 알을 품은 어미닭을 보며 자식을 키우는 일에 대해 배우기도 했죠.

어미닭은 꿈적 않고 제자리를 지키며 깃털 고르기도 포기한 채 야위어 갑니다. 매일 부리로 달걀을 굴려 방향을 바꿔주기도 하지요. 사람이 가까이 다가가면 알을 지키기 위해 손을 콕콕 찌릅니다. 병아리가 태어나면 자신의 날개 속에 소중히 품어 키웁니다.

병아리가 3~4개월 정도 자라면 암탉인지 수탉인지 알 수 있습니다. 수탉이면 조금 실망스럽긴 해도 홰치는 소리만큼은 황홀합니다. 녀석은 이른 아침마다 날개를 푸드덕거리며 꼬끼오 하고 힘차게 울 수 있을 때까지 연습합니다.

닭이 좋아하는 피망 씨앗이라든지 고구마나 토란 껍질, 수박 껍질을 작은 법랑 용기에 담아 닭장으로 가져가는 일이 즐겁습니다. 밭에서 캔 쇠별꽃이나 섬모시풀, 소리쟁이를 가져가면 수탉이 꼬끼오 하면서 암탉에게

"여기 맛있는 풀이 있어" 하고 알려줍니다. 나름의 애정 표현인 거죠.

어느 추운 겨울에는 닭장의 닭이 한 마리씩 목이 없는 채로 죽어 있었습니다. 그러다 결국 모든 닭이 죽었습니다. 꼬끼오 소리가 없는 아침을 이불 속에서 맞이하는 일이 참을 수 없이 서글펐습니다.

범인은 안채 돌담 아래 둥지를 튼 족제비가 틀림없었습니다. 귀여운 얼굴을 하고 있지만 하는 짓은 깡패입니다. 아무리 튼튼한 닭장을 지어도 땅을 파고 터널을 만들어 숨어들었죠. 고민 끝에 닭장 아래 스테인리스 망을 치고 콘크리트로 마감하고 나서야 안심할 수 있었습니다.

[재료와 방법]

병아리 한 쌍 | 닭장 | 모이통 | 물통 | 쌀겨

① 닭장을 만들고 바닥에 쌀겨를 폭신하게 깔아줍니다.

② 병아리 한 쌍을 데려와 키웁니다.

③ 병아리가 태어날 수 있도록 환경을 만들어줍니다. 수탉이 늘어나면 나이가 많은 수탉은 요리용으로 씁니다.

수탉 한 마리와 암탉 여섯 마리를 기릅니다.

동천홍이라는 아름다운 품종입니다.

다랑이에 사다리 만들기

시몬이 만든 사다리를 보면 자꾸만 위로 오르고 싶습니다. 사다리의 모양이 귀엽고 예쁜데다가 과수원과 밭에 있던 비파나무와 밤나무로 만들었기 때문에 더욱 소중하게 느껴집니다. 시몬은 프랑스인 목수로 자연농법 창시자인 후쿠오카 마사노부 선생님의 기념관 공사 일을 했을 정도로 솜씨가 좋습니다.

15년 전, 다랑이 과수원의 비탈을 쉽게 오르내릴 수 있도록 직접 목재를 구입해 남편과 사다리를 만들었습니다. 하지만 시간이 지나면서 사다리가 삭아버렸습니다.

마침 제자인 사오리의 소개로 시몬이 찾아왔습니다. 일본에서 건축 일을 배우다 최근 독립해 어엿한 목수가 된 참이었죠. 그에게 사다리를 만들어 달라고 부탁했습니다.

사다리를 오르내리며 이곳의 나무로 사다리를 만든 시몬의 고집에 대해 생각하곤 합니다. 그의 철학이 담긴 사다리는 많은 이야기를 건네는 것 같습니다.

고치 지역에서는 산꼭대기부터 이어진 다랑이가 무척 아름답습니다. 이 마을의 다랑이도 선조들이 만든 것이죠. "초소카베長宗我部 시대에 만들어진 것이니 잡초 밭이 되지 않도록 소중히 가꾸어야 한다"라고 동네 어르신께 들었습니다. 도대체 초소카베가 누군지 찾아봤더니 지금으로부터

약 500여 년 전에 살았던 전국시대의 무사라고 합니다.

5월 씨뿌리기가 한창일 때 다랑이 논에 물이 차면 반짝거리는 수면이 정말 아름답습니다. 하지만 이를 유지한다는 건 상당히 수고스런 일이죠. 우리가 이주해왔을 당시 마을 여기저기 산기슭에는 삼나무가 심어져 있었습니다. 남편이 삼나무 알레르기가 심하여 세이치 씨에게 벌목을 부탁하고, 대신 과일나무 묘목을 심어 작은 과수원을 만들었습니다.

비탈을 오르내리며 가꾸느라 힘들었지만, 지금은 다랑이 과수원에 시몬의 사다리가 놓여 있는 걸 보는 것만으로도 기분이 좋아집니다.

[재료와 방법]

밭에 있는 잡목 ┆ 톱 ┆ 망치 ┆ 못 ┆ 전동 드라이버 혹은 수동 드라이버

① 기둥이 될 부분을 2.5m 길이로 2개 준비합니다.

② ① 기둥에 50cm 간격으로 7군데 구멍을 뚫어줍니다.

③ 발을 디딜 나무 부분을 50cm 길이로 7개 준비합니다.

④ 뚫어 놓은 구멍에 50cm로 자른 나무를 끼우고 못을 박아 고정하면 완성입니다.

시몬이 만든 사다리 앞에서 함께 사진을 찍었습니다.

다랑이를 오르내리기 위한 사다리입니다.

불을 때는 일상

제가 사는 마을에서는 매일 오후 3시가 넘으면 장작불로 목욕물을 데우느라 굴뚝에 연기가 피어오릅니다. 볼 때마다 마음이 평온해지고 여유로워집니다. 겨울이면 목욕물을 데우는 장작불 외에 벽난로와 화롯불도 등장합니다.

장작불에는 가스나 전기를 사용한 불과 달리 몸 깊숙한 곳까지 전해지는 후끈함이 있습니다. 게다가 장작불을 보고 있노라면 마음이 편안해지죠. 벽난로 위에 닭고기 스프 같은 음식이 보글보글 끓어오르고 집안에 맛있는 냄새가 퍼지면 가족들이 하나둘 모여듭니다. 장작불로 음식을 만들면 훨씬 맛있습니다.

조몬시대에는 아궁이에 불을 때고 음식을 토기에 넣어 보글보글 끓여 먹었겠지요. 예나 지금이나 사람이 먹고 사는 일은 크게 변하지 않은 것 같습니다. 장작불을 바라보면서 그 옛날 사람들을 생각해봅니다.

"인간은 / 불을 피우는 동물이었다 / 불을 피울 수 있으면 / 그것으로 이미 인간이다"

자식들에게 <불을 피워라>라는 시를 남긴 야마오 산세이는 야쿠시마 섬에서 자급자족하며 자녀를 키웠다고 합니다. 어릴 때 저희 집에도 할머니 댁에도 어느 집이든 화롯불이 있었습니다. 아침은 화롯불 숯에 불을 피우는 것으로 시작되었지요. 무쇠 주전자가 삼발이 위에서 펄펄 끓어 언제 손님이 와도 이내 차를 준비할 수 있었습니다. 떡이나 전병, 오징어를 굽기도 했죠. 하지만 언제부터인가 화롯불이 사라지고 석유풍로가 생겼습니다.

3.11 동일본 대지진 이후 원자력 에너지에 대해 자주 생각하게 되었습니다. 멀리서 수입해오는 석유나 전기에 의존하지 않는 삶을 살고 싶다면, 장작이라는 멋진 자연 에너지를 사용해보세요. 일본은 세계 선진국 가운데에서도 세 번째로 삼림 면적이 넓은 나라지만 장작 생산량은 최하위입니다. 왜 가까이 있는 자연 에너지를 제대로 활용하지 않는 걸까요?

태양열이나 수력 발전도 좋지만 산속에서는 장작이야말로 미래의 에너지가 아닐까 생각합니다. 간벌재(숲이 건강하도록 나무 사이의 간격을 띄우며 솎아준 나무—옮긴이)나 목재소에서 버려지는 나무토막이 의외로 많습니다. 먼저 이것들로 에너지 전환을 생각해보는 건 어떨까요.

[재료와 방법]

화로 ㅣ 차콜스타터 ㅣ 재 ㅣ 숯 ㅣ 삼발이 ㅣ 무쇠 주전자 ㅣ 불쏘시개

① 체에 거른 재를 화로에 넣습니다.

② 삼발이를 걸치고 숯을 넣습니다.

③ 차콜스타터 안에 숯을 넣고 가스불로 불을 붙입니다.

④ 불이 붙은 숯을 화로에 옮기고 무쇠 주전자를 올려둡니다.

위° 남편이 만든 화로입니다.
아래° 숯불에 구워 먹으면 더 맛있습니다.

장작을 쌓아두면 든든합니다.

밀원식물 늘리기

토종벌을 키우기 위해 벌통을 다랑이 과수원 여기저기에 놓아두었습니다. 누구라도 벌통만 준비하면 토종벌을 키울 수 있습니다. 키우는 사람이 많으면 귀중한 토종벌도 늘어납니다.

먼저 밀원, 즉 꿀의 원료가 되는 유채꽃이나 연꽃, 과일나무 꽃을 늘리는 것이 중요합니다. 꽃은 꿀벌에게 소중한 밀원입니다. 또 벌통을 밭에 두면 양배추나 브로콜리의 장다리꽃이 밀원이 되어주죠. 꿀벌의 수분 활동 덕분에 과일나무나 채소들이 열매를 맺고 영글어 갑니다.

처음엔 큰 배추 가운데 몇몇 녀석을 골라 꽃을 피우고 씨를 맺게 하여 베어다가 과수원 과일나무 뿌리 근처에 뿌렸습니다. 하지만 몇 년 동안 노력해도 기대했던 장다리꽃은 피어나지 않았죠. '도대체 어떻게 된 거지?' 하며 찾아보니 그 배추가 F1 품종이었던 것이 원인이었습니다.

F1 품종은 한해살이 씨앗으로 조절해 놓은 것이라서 다음해에 발아하지 않았던 것입니다. 부모로부터 자식에게 같은 모양이 전해지고 자가 채취가 가능한 씨앗은 재래종이나 고정종이라 불리는 품종입니다. 그래서 밀원을 늘리려 할 때 주의해야 할 점은 씨앗 선정이에요. 자손을 볼 수 없는 씨앗으로는 아무리 노력해도 밀원이 되는 꽃이 피지 않습니다.

때마침 노구치 이사오의 『씨앗이 위험하다』(일본경제신문출판사)라는 책과 만났습니다. 인공교배로 만들어진 F1 품종은 재배가 쉽습니다. 현재 우리가 먹고 키우는 대부분의 채소는 F1 품종이지요. 그런데 노구치 씨는 이 F1 품종 식물이 꿀벌을 비롯해 우리 인간에게도 어떤 피해를 줄지 모른다고 합니다.

그 뒤로 저는 밭에서 키우는 식물은 재래종이나 고정종 씨앗을 써야겠다고 다짐했습니다. 꿀벌이나 아이들의 미래를 위해서 말이죠. 더불어 밀원인 꽃을 늘리기 위해 과일나무도 더 많이 심고 키우게 되었습니다. 또 채소를 키울 때도 일부러 꽃을 피워서 씨앗을 받습니다. 이 과정에서 우엉이나 당근 같은 채소들의 꽃을 직접 보게 되었는데, 의외로 아름다운 모습에 깜짝 놀랐습니다.

[재료와 방법]

장다리꽃이 피는 재래종, 소송채, 배추, 양배추의 고정종 씨앗 ㅣ 과일나무 묘목

① 장다리꽃이 피는 소송채, 양배추 등을 꽃이 필 때까지 키웁니다.

② 씨앗을 받아 과일나무 뿌리 근처에 씨앗을 뿌려줍니다.

③ 블루베리, 매실, 살구, 자두, 과일나무 묘목을 심습니다.

끼니 때마다
작은 텃밭에서
잎채소를 가져와
건강한 채소밥을 만든다
먹을거리가 나를 만든다
부엌이 바로 나 자신이다

제3장
부엌에서
시작하자

두유 요구르트

요구르트는 꽃가루 알레르기를 진정시키는 효과가 있다고 합니다. 그래서 알레르기가 심한 남편을 위해 매일 요구르트를 직접 만들어주었죠. 그러다 유제품을 계속 먹는 일이 몸에 좋지 않을 것 같아서 두유로 대체했습니다.

저는 우유를 마시면 배가 꾸르륵거리는 우유 알레르기 체질입니다. 두유 요구르트는 저처럼 유제품과 맞지 않는 사람에게 좋고 칼로리 부담도 적습니다.

요구르트를 발효하는 종균은 식물성 비지를 원료로 하는 아오야마균을 씁니다. 진한 성분무조정 두유로 만들면 맛도 좋고 실패하지 않습니다. 너무 걸쭉하지 않으면서도 부드러워 먹기 편하지요. 또 종균은 계속해서 배양해 가며 쓸 수 있답니다.

발효 음식은 정말 재미있습니다. 유산균을 먹으면 장이 좋아하고 장이 좋아하면 뇌도 좋아합니다. 장과 뇌는 연결되어 있어서 장이 좋은 상태면 감정이 풍부해진다고 해요. 장이 나쁘면 감정 상태가 나빠지고 장이 활발해지면 뇌도 활발해지는 식이지요. 장의 상태에 따라 좋은 기분과 나쁜 기분을 가진다는 사실이 놀라웠습니다.

두유 요구르트에는 이소플라본이 풍부해 여성호르몬을 활성화시키는 효과가 있습니다. 유산균을 많이 함유하고 있어서 변비에도 효과가 있죠.

특히 식물성 유산균은 장까지 도달하기 때문에 장을 활발히 움직여주어 변비를 예방한다고 합니다. 장내 부패를 막기 때문에 발암물질의 발생도 막는다고 하죠. 또한 인체의 유해물질을 제거하는 대식세포의 움직임을 활성화시켜서 암세포를 제거하는 데도 탁월한 효과가 있다고 합니다.

저희 집에서는 매일 아침 수제 잼과 아몬드, 호두, 호박씨, 해바라기 씨로 만든 시리얼에 토종꿀을 곁들여 먹습니다. 딸기나 바나나, 사과, 여주를 넣어 인도식 음료인 라씨를 만들어 먹어도 맛있습니다.

[재료와 방법]

성분무조정 두유 ㅣ 발효균(Aoyama-YC균이라는 비지로 만든 100% 식물성 유산균. 자세한 것은 아오야마 식품 홈페이지 참조).

① 두유 1ℓ에 발효균 5g을 섞어줍니다(다음에 만들 때는 두유 요구르트를 남겨두었다가 1스푼 정도 사용하면 됩니다).

② 요구르트 메이커에 넣고 8시간 동안 일정 온도를 유지하며 발효시킵니다.

③ 두부처럼 굳으면 핸드믹서기로 저어줍니다. 이 과정을 거치면 요구르트가 생크림처럼 부드러워집니다.

④ 그릇에 담아 꿀, 수제 잼, 수제 시리얼(해바라기씨, 호박씨, 아몬드, 호두, 깨, 오트밀, 건포도, 캐슈넛)과 함께 먹습니다.

두유 푸딩

우리 가족은 푸딩을 무척 좋아합니다. 네팔 여행을 갔을 때 카트만두의 호텔 레스토랑에서 먹었던 푸딩을 잊을 수가 없습니다. 둥근 케이크 틀에 넣어 구운 푸팅을 케이크처럼 자른 것이었죠. 일본으로 돌아와 곧장 케이크 틀을 이용해 푸딩을 만들었더니 아이들이 무척 좋아했습니다.

더운 여름은 물론 1년 내내, 달걀을 넣지 않은 걸쭉한 푸딩은 인기 만점입니다. 진한 성분무조정 두유와 표백제를 쓰지 않은 천연 한천으로 만들기 때문에 깔끔한 맛이 특징이지요.

두유에는 여성호르몬의 하나인 에스트로겐과 비슷한 역할을 하는 이소플라본 단백질이 풍부해 갱년기 장애 예방이나 생리불순 등에 효과가 있습니다. 또한 콩에 들어 있는 식물성 단백질은 동물성 단백질과 비교해 저칼로리입니다.

두유 푸딩은 건강한 간식입니다. 불필요한 영양 흡수를 억제하는 사포닌이 풍부하여 항산화 작용을 도와 노화 방지에도 효과가 있습니다. 한천도 장내 환경을 조절해주기 때문에 몸에 좋습니다. 달걀이나 유제품을 전혀 쓰지 않아 알레르기가 심한 자녀에게도 안심하고 먹일 수 있지요. 저는 바닐라 빈을 넣어 향을 더하기도 합니다.

맛있게 먹으려면 담는 그릇도 중요합니다. 우리집 음식은 남편이 만든 그릇으로 더욱 맛있어집니다. 흙으로 빚은 그릇이 저의 요리를 돋보이게

해주죠. 어떤 음식이든 그릇은 참 중요합니다.

[재료와 방법]

한천…3g(물에 하룻밤 담가둡니다) | 성분무조정 두유…4컵 | 조제당…6T | 바닐라 빈…취향에 맞춰서 | 푸딩 틀

① 한천을 물에 녹입니다.

② 냄비에 한천과 한천이 잠길 정도의 물을 붓고 불을 켠 후 녹을 때까지 저어줍니다.

③ 한천이 녹으면 ② 에 두유, 조제당, 바닐라 빈을 넣습니다.

④ 끓어 넘치지 않도록 주의하며 졸여줍니다.

⑤ 조제당이 녹으면 불을 끄고 컵에 부은 다음 잠시 열기를 빼서 냉장고에 넣습니다.

⑥ 푸딩이 굳으면 캐러멜소스 등을 곁들여 먹습니다.

[캐러멜소스]

조제당…200g | 물…100cc | 뜨거운 물…50cc | 웍 | 나무 주걱

① 냄비에 물과 조제당을 넣고 센 불로 조리하는데 이때 절대 저으면 안 됩니다.

② 보글보글 끓기 시작해 수분이 날아가면서 진한 갈색으로 타기 시작하면 냄비 가장자리로 뜨거운 물을 부어줍니다(이때 뜨거운 물을 재빨리 붓지 않으면 튀기 때문에 위험합니다). 나무 주걱으로 저어 걸쭉해지면 식혀서 병에 넣고 상온에서 보관합니다.

왼쪽° 천연 한천을 물에 녹여서
씁니다.

오른쪽° 완전히 녹을 때까지 저
어줍니다.

곤약

곤약을 튀기면 마치 고기 같은 맛이 납니다. 겨울이면 따끈따끈한 곤약에 달짝지근한 된장을 발라 먹습니다. 토란과 비슷한 구약나물의 원산지는 인도네시아반도입니다. 먹을 수 있을 때까지 키우려면 3년이나 걸리는데, 봄에 종자를 심으면 그해 가을에서야 어린 알줄기가 생기죠.

구약나물 줄기에는 자줏빛 반점이 있고 꽃은 마치 열대 식물 같아 무척 기이하게 생겼습니다. 그래서 우리 밭에 견학 온 사람들은 여름 내내 "저게 뭔가요?" 하고 묻곤 하죠. 그런가 하면 무성하게 자랐던 그 기이한 식물이 11월이면 눈 깜짝할 새에 사라지고 맙니다. 겨울이면 잎이 모두 저버리기 때문에 찾는 게 무척 힘듭니다.

구약나물에 주렁주렁 열린 알줄기를 어렵게 발견하면 감격할 수밖에 없습니다. 이런 걸 도대체 누가 곤약으로 만들어 먹을 생각을 했을까요. 열을 가하지 않은 생 알줄기에는 독성이 있는데 강한 떫은맛이 나는 옥살산칼슘이 들어 있기 때문입니다. 생으로는 못 먹지만 잿물로 독성을 제거하면 먹을 수 있습니다.

예로부터 곤약을 만들 때 빠지지 않던 것이 잿물입니다. 떫은맛을 제거하고 응고시키는 역할을 담당하죠. 저는 벚나무나 느티나무 재로 만든 잿물을 사용합니다.

구약나물 알줄기에는 식물성 섬유인 글루코만난이 풍부합니다. 글루코

만난은 몸속에서 소화되지 않고 위나 장에서 수분을 흡수해 팽창합니다. 이런 특성 덕분에 혈당치를 조절해야 하거나 변비가 있는 사람에게 효과가 좋습니다. 함께 사는 시아버지에게 좋은 약이 되고 있습니다.

[재료와 방법]

구약나물…500g ┃ 뜨거운 물…1000cc ┃ 잿물…220cc

① 구약나물 알줄기를 3등분해 압력솥에 쪄서 5분 정도 뜸을 들입니다.

② 알줄기 껍질을 벗겨 믹서에 갑니다. 이때 뜨거운 물 1000cc를 3번에 걸쳐 넣어줍니다. 껍질도 조금 넣어줍니다.

③ 냄비에 옮겨 잿물을 두루 뿌려준 뒤 재빨리 10분간 세게 저어줍니다(끈기가 생길 때까지).

④ 물을 담아 놓은 그릇에 옮겨 젖은 손으로 둥글게 모양을 만들어줍니다.

⑤ 냄비에 뜨거운 물과 함께 넣고 1시간동안 끓입니다. 굳으면 물에 담가 하룻밤 재웁니다.

[잿물]

재…300g ┃ 물…900cc

① 냄비에 재와 물을 넣고 1시간 동안 끓입니다. 물이 줄어들면 보충해줍니다.

② 하룻밤 재워두었다가 천을 대고 걸러낸 후 갈색 웃물만 사용합니다.

이렇게 기묘하게 생긴 식물이 곤약이 됩니다. 먹을 수 있을 때까지 자라려면 3년이나 걸립니다.

활엽수의 재와 콩깍지 재로 만든 잿물입니다.

된장 담그기

겨울 추위가 누그러지고 산에도 봄이 찾아올 무렵이면 온종일 1년 치 먹을 된장을 담급니다. 직접 담근 된장은 그야말로 '살아 있는 된장'입니다. 시판 된장은 대부분 가열 처리를 하여 멸균 상태로 만듭니다. 제품에 둥근 숨구멍이 뚫려 있는 제품을 제외하고는 말 그대로 균이 죽어 있는 것이죠.

살아 있는 된장에는 유산균이나 효모가 160종류나 있습니다. 몸에 있는 독소를 배출하고 뇌혈관이나 세포의 노화를 방지해주는 균들이죠. 자랑은 아니지만 제가 직접 담근 된장은 균도 살아 있고 정말 맛있습니다.

된장을 많이 담가두면 우메보시나 비축해둔 쌀만으로도 갑자기 찾아온 손님께 한 상 차려낼 수 있습니다. 놀랄 만큼 맛있는 배추된장국을 만들 수 있으니까요. 저는 여행을 갈 때도 된장이나 구운 밀개떡, 미역을 가지고 갑니다. 특히 몸이 안 좋을 때는 바로 된장국을 끓여 먹죠. 된장은 제 건강의 원천입니다.

재료 가운데 누룩이 가장 비싸서 이걸 직접 만들면 재료비가 크게 절약됩니다. 누룩균을 사서 직접 만들면 된장에 누룩을 듬뿍 넣어 만들 수 있습니다. 그럼 오래 숙성시키지 않아도 3~4개월만 지나면 된장을 먹을 수 있지요. 내년에 먹을 된장이 없는 분께 추천하고 싶습니다.

누룩을 많이 넣으면 실패하지 않고 만들 수 있는 데다 된장이 달고 부드러워 맛도 더욱 좋습니다. 너무 맛있어서 감동하실지도 모릅니다.

[재료와 방법]

콩…5kg ∣ 누룩…12kg ∣ 천연소금(베트남 카인호아 소금)…4kg ∣ 콩 삶은 물…6ℓ
∣ 엽란

① 하룻밤 물에 불린 콩을 준비합니다. 콩이 타지 않도록 약한 불에서 삶아줍니다.

② 손가락으로 눌러봐서 으깨질 정도로 삶아지면 체에 받쳐 물기를 빼줍니다. 콩을
삶은 물은 버리지 않고 둡니다.

③ 따뜻할 때 절구에 넣고 빻아줍니다(자동 떡 기계가 있다면 메주용 날개를 쓰면
됩니다).

④ 함지박에 누룩과 소금을 넣고 손으로 조물조물 섞어줍니다.

⑤ 으깬 콩에 콩 삶은 물을 넣고 ④를 넣어 잘 섞어준 후 주먹밥 크기로 경단을 만
듭니다.

⑥ 소주로 소독한 항아리나 유리 용기에 공기가 들어가지 않도록 경단을 던져서 넣
은 다음 빈틈없이 꾹꾹 눌러줍니다. 마지막으로 소금을 뿌린 뒤 엽란 잎을 덮은
후 종이로 뚜껑을 만들어줍니다.

⑦ 3~4개월 후에 위아래를 뒤집어준 뒤 바로 먹을 수 있습니다.

으깬 콩을 함지박에 소금과 섞어 놓은 누룩으로 경단을 만드는 모습입니다.

일부는 병에 넣어 보이는 곳에 두고 색의 변화를 관찰합니다.

누룩 만들기

누룩은 먹을 수 있는 곰팡이입니다. 수백 년간 부엌을 지키고 일본의 식문화를 지탱하며 우리를 건강하게 만들어주었습니다. 누룩처럼 오랜 세월 전해 내려온 전통 음식이 씨앗처럼 다음 세대로 계속 이어지길 바랍니다.

누룩은 간장, 된장, 미림, 식초, 청주, 소주, 아와모리(오키나와 전통술−옮긴이)와 같은 발효 식품을 만들 때 씁니다. 된장은 물론 감주와 쿠키, 빵 등에도 쓸 수 있습니다.

발효식품은 마치 어린아이처럼 살아 숨 쉽니다. 거품이 부글부글 끓어오르는 걸 보고 있으면 꼭 말을 하는 것처럼 느껴지기도 합니다. 살아 있는 생물 같지요. 얌전히 냉장고에서 자고 있나 싶다가도 어느 순간 눈을 떠서는 감주나 막걸리가 됩니다.

발효 식품은 장내 환경을 조절해주고 피부 탄력이나 보습에 좋습니다. 장과 뇌, 장과 피부, 피부와 뇌는 서로 연결되어 있습니다. 장이나 피부는 제2의 뇌라고도 불리는데, 이는 장과 피부가 뇌처럼 느끼고 생각하기 때문입니다.

피부는 장내 환경을 외부로 비추는 거울이기도 합니다. 소화가 잘되고 장내 환경이 좋은 사람은 기분도 좋습니다. 기분이 별로 안 좋은 사람은 장 속에서 좋은 균과 나쁜 균의 균형이 무너졌기 때문일 수 있습니다.

스스로 살아 숨 쉬는 발효균은 맛있는 음식을 만드는 데만 도움이 되는 것이 아니라 우리의 몸과 건강 나아가 그런 사람들이 모여 사는 사회라는 환경에까지 영향을 미친다는 생각이 듭니다. 좋은 발효균이 좋은 사회를 유지시켜주는 거죠.

[재료와 방법]

쌀… 1.5kg ︱ 누룩… 18g

① 쌀을 깨끗이 씻어 약 20시간 물에 담가 불립니다.

② 체에 받쳐 2시간 정도 물기를 빼줍니다.

③ 찜통에 면포를 깔고 공기가 들어갈 수 있도록 쌀을 보슬보슬하게 넣은 다음 센 불에서 1시간 정도 쪄줍니다.

④ 함지박으로 옮겨 담아 체온(35~40℃)과 비슷하게 식힌 후 누룩을 뿌립니다.

⑤ 누룩이 밥알에 잘 부착되도록 양손으로 가볍게 비벼줍니다.

⑥ 종이로 된 봉투를 준비해 ⑤를 주먹밥 크기로 만들어 봉투 안에 넣습니다.

⑦ 종이상자 안에 조개탄화로와 함께 넣고 보온해줍니다(35~40℃). 화로에 직접 닿으면 온도가 너무 올라가므로 봉투를 담요로 둘러줍니다. 15시간 지나면 덩어리진 것을 으깨어 다시 보온합니다. 온도가 내려가기 시작하면 조개탄을 바꿔줍니다.

⑧ 보온 발효를 시작하고 48시간이 되면 완성. 냉장고에 옮겨 보관합니다.

누룩을 만드는 도구들입니다.

고두밥을 식혀줍니다.

고두밥에 누룩을 뿌리고 양손으로 기도하듯 버무려줍니다.

수타 우동

이곳 시코쿠 지역은 사누키우동으로 유명합니다. 저는 끈기가 있는 수타 우동을 좋아하는 터라 가가와 현에 있는 다카마쓰 시를 자주 방문하곤 했습니다.

한 번에 많은 양의 식사를 준비해야 할 때 싸고 맛있는 우동이 메뉴로 좋습니다. 다행히 제가 만든 우동은 맛있다는 칭찬을 듣곤 하지요.

밀가루를 반죽하면 특유의 단백질인 글루텐이 나옵니다. 이 글루텐이 우동의 끈기를 만들어줍니다. 글루텐의 함량 비율에 따라 밀가루를 강력분, 중력분, 박력분으로 나눌 수 있는데, 우동은 대부분 중력분을 사용합니다. 사누키우동은 발로 밟아 치댄 후 재워둡니다. 이때 글루텐이 활성화되어 쫄깃한 우동이 되는 거죠.

밀가루 종류에 따라 맛도 달라집니다. 중력분을 살 수 없어서 근처 빵집에서 준 홋카이도산 강력분과 박력분을 반반씩 섞어서 우동을 만들었는데 의외로 정말 맛있더군요. 설령 실패하더라도 그건 그것대로의 맛이 있지요.

멸치 육수에다 찬물에 헹구지 않은 면을 그대로 넣어 먹는 가마아게우동이나 나고야식 된장우동도 맛있습니다. 1950년대에는 메리칸가루와 우동가루 두 종류가 있었습니다. 메리칸가루(american에서 a를 뺀 발음—옮긴이)는 미국에서 수입한 밀가루고 우동가루는 국산밀로 만든 밀가루입니다. 대부분 중력분으로 오코노미야키나 다코야키, 만두피를 만들 때 썼습니다.

에도시대부터 메이지시대까지는 물레방아로 밀가루를 만들었습니다. 제가 사는 마을에도 물레방아 방앗간이 있었다고 합니다. 밀기울이 섞여 갈색을 띤, 입자가 거친 가루였다고 하네요. 이에 비해 메리칸가루는 기계로 제분했기 때문에 입자가 곱고 하얘서 우동가루와는 달랐지요.

[재료와 방법]

중력분 … 1kg(7, 8인분) ┃ 소금 … 15g ┃ 물 … 400ml ┃ 밀가루 약간

① 물에 소금을 넣고 녹여줍니다.

② 함지박에 중력분을 넣고 가운데 구멍을 만들어 조금씩 소금 간이 된 물을 부어가며 섞어줍니다.

③ 달라붙지 않도록 밀가루를 뿌려가면서 둥근 모양으로 치대줍니다. 많이 치댈수록 끈기가 생깁니다.

④ 반죽이 완성되면 살짝 적신 면포를 덮어서 2시간 정도 상온에서 재웁니다.

⑤ 반죽에 밀가루를 뿌려가며 밀대로 밀어 늘립니다.

⑥ 반죽을 세 번 접어서 적당한 두께로 자릅니다.

⑦ 끓는 물에 10분 정도 삶아 내면 완성입니다.

시아버지께 결혼 선물로 받은 반죽용 함지박입니다.

반죽을 젖은 면포로 덮어 잠시 재워
두면 면발이 매끄러워집니다.

칼 마니아인 시아버지가 선물해주신 우동 전용 칼을 사용합니다.

우메보시

여행 중 감기 기운이 있어 우메보시를 사려고 나섰다가 깜짝 놀랐습니다. 편의점이나 슈퍼마켓에는 전통 방법으로 만든 우메보시가 전혀 없고, 첨가물이나 방부제가 많이 들어간 시큼달큼한 것만 있었죠. 이래서는 만병에 좋은 그 우메보시라 할 수 없습니다. 아무래도 이제는 직접 만들지 않으면 제대로 된 우메보시를 먹을 수 없겠다는 생각이 들었습니다.

우메보시를 직접 만든 지는 30년이 되었습니다. 친구가 20㎏ 상자에 매실을 가득 담아 보내주었던 걸 계기로 시작했죠. 그때 상자에서 황홀할 정도로 좋은 냄새가 나 잠을 자는 동안에도 향기에 취할 정도였습니다.

이곳으로 이주하면서 곧바로 심은 것이 매실 묘목이었습니다. 지금은 울창하게 자라주어 매년 나무에 올라가 매실을 따는 일이 정말 즐겁습니다. 제게 이런 야생의 감각이 있다는 것도 매실 덕분에 처음 알았죠. 초록 잎에 숨은 맑은 초록 매실이 방울방울 달린 모습은 감동적입니다. 나무에 올라가 매실을 따면서 그 아름다움에도 눈을 뜨게 된 것 같습니다.

매실을 따면 매실주, 우메보시, 매실주스를 만드는 일이 시작됩니다. 할머니는 오래 전 방식대로 염분 20%로 만드셨는데, 너무 짠 것 같아서 염분을 10%로 줄였더니 곰팡이가 생겨나 지금은 12%로 조절했습니다.

매실은 "삼독三毒을 막는다"라든지 "하루의 액운을 막는다"는 말이 있을 정도로 몸에 좋다고 알려져 있습니다. 할머니와 할아버지가 아침에 호

지차와 함께 드시던 것을 보고 '우메보시는 매일 먹는 것이구나' 하고 감탄했던 기억도 있네요. 게다가 할아버지는 놀랍게도 세면대 위에 늘 우메보시 항아리를 놓아두고서 양치를 한 뒤 우메보시를 꺼내 드셨습니다.

우메보시와 항아리를 보면 당시 할아버지의 일상이 눈앞에 그려집니다. 중국 고대 유적에서도 매실 항아리가 발견되었다고 하니 옛 사람들도 그 효능을 알고 있었나 봅니다.

[재료와 방법]

매실(노랗게 익은 매실)…5kg | 천일염…600g(매실 전체량의 12%) | 소주…적당량 | 매실을 담을 용기 | 붉은 차조기…3장 | 소금…50g

① 매실을 씻어서 물기를 말려줍니다. 꼭지를 따고 이물질을 제거해줍니다.

② 항아리는 뜨거운 물을 부어 소독해서 말린 후 소주로 닦아줍니다.

③ 매실을 소주에 살짝 담갔다가 천일염을 뿌립니다. 꼭지 부분에도 소금을 묻혀줍니다.

④ 매실 총 무게의 약 2배가 되는 누름돌로 눌러줍니다. 매실초가 올라오면 누름돌을 뺍니다.

⑤ 붉은 차조기를 깨끗이 씻어 그늘에서 말립니다. 완전히 마르면 소금 50g을 넣고 잘 비벼줍니다. 물기를 짠 후 항아리 안에 넣습니다.

⑥ 맑은 날 매실을 꺼내 햇볕에 말립니다. 첫날은 항아리에 다시 넣었다가 이튿날과 셋째 날은 밤에 말린 후 항아리에 넣고 보관합니다.

초록 잎 사이로 매실이 숨어 있습니다.

우메보시는 잘 익은 노란 매실로 만듭니다.

우메비시오

제대로 만든 우메보시는 몸에 좋습니다. 매실의 구연산이 피로 회복에 도움을 주거든요. 또한 도시락이나 주먹밥에 우메보시를 넣는 이유는 강한 살균작용으로 음식이 상하는 걸 막아주기 때문입니다.

식중독이나 장염을 일으키는 세균도 우메보시의 구연산이 없애준다고 합니다. 감기에 걸렸을 때에도 하루에 우메보시를 두 알 정도씩 먹으면 바이러스를 억제할 수 있답니다. 이런 효능들 때문에 오래도록 먹어 온 것이겠지요.

저희 집에서도 매년 항아리 가득 우메보시를 담고 있는데, 이듬해 남은 우메보시로는 '우메비시오'를 만들어요. 식구들이 사랑하는 반찬이죠. 우메보시가 너무 시다고 싫어하는 남자나 아이들도 우메비시오는 아주 잘 먹습니다.

페이스트 상태인 우메비시오는 차조기와 오이를 곁들여 손말이초밥을 만들거나 샤브샤브 양념으로 사용합니다. 돈가스처럼 기름진 음식에도 잘 어울리고 식욕을 돋우는 역할도 하죠.

우메비시오는 오래전부터 전해 내려오는 만능 조미료인 셈입니다. 병조림으로 보관하면 1년 내내 먹을 수 있습니다. 할머니로부터 우메보시 담그는 방법과 함께 우메비시오를 담그는 법을 같이 배웠죠.

시판되는 매실은 농약을 사용하기 때문에 모양이 예쁩니다. 하지만 무농약으로 직접 매실을 키워 보아야 그 진가를 알 수 있지요. 우메보시나 우메비시오가 아무리 몸에 좋은 건강식품이라고 해도 그 재료가 되는 매실이 무농약 재배로 나온 것이 아니라면 몸에 좋을 리 없습니다.

무농약 매실은 상처가 나거나 반점이 생기기도 하지만 정말 예쁜 빛깔의 열매가 열립니다. 매실을 안심하고 먹기 위해 일단 어린 매실나무 한 그루를 심어 보면 어떨까요. 그러면 매실에 대해 좀 더 잘 알 수 있답니다.

매실을 알게 되면 매실의 아름다움을 깨닫게 됩니다. 입춘 무렵에 피는 매화의 아름다움, 보송보송한 솜털에 싸여 투명하게 보이는 초록빛 매실의 아름다움, 따서 두기만 해도 황홀한 매실 향기로 가득한 집안. 매실나무의 모든 것을 사랑하시게 될 거예요.

[재료와 방법]

우메보시 … 1kg | 조제당 … 약 300g | 미림 … 100cc

① 우메보시를 하룻밤 물에 담가 염분을 뺀 후 소쿠리에 담아 수분을 제거합니다.

② 씨앗을 제거한 우메보시를 믹서에 갈아서 체를 받치고 나무 주걱으로 걸러 냅니다.

③ ②를 산에 강한 토기 제품이나 법랑 냄비에 붓고 조제당과 미림을 넣어 약한 불에 15분 정도 조리면 완성입니다.

우메보시를 못 먹는 사람도 우메비시오는 좋아합니다.

락교 절임

락교는 뿌리처럼 보이지만 사실은 뿌리 위쪽이 비대해진 알뿌리입니다. 양파나 마늘 혹은 백합도 마찬가지죠. 알뿌리라서 그런지 식재료 중에서도 생명력이 강합니다. 뿌리에 가까운 식재료 중에는 강한 힘을 가진 것이 많습니다.

예를 들면 마늘이나 미니 양파, 양파, 무, 연근, 우엉, 당근 등이죠. 이들은 땅속에서 여물기 때문에 음양으로 따지면 양에 해당합니다. 몸을 따뜻하게 데워주는 효능이 있지요.

락교 절임을 만들 때 뿌리는 제거하고 줄기를 길게 잘라주면 아삭거리는 식감이 오래갑니다. 텃밭에서 재배하는 것만으로는 모자라서 근처에서 키우는 분께 얻어 오기도 합니다.

올해도 가족이나 지인들이 새로 담근 락교 절임을 기다리고 있는데, 평소대로라면 6월쯤 시중에 나오는 락교를 좀처럼 구하기 힘들어 조바심이 났습니다. 예년보다 낮은 기온과 가뭄 때문이었죠. 계속되는 이상 기후로 락교를 구하는 일이 생각만큼 쉽지 않습니다. 내년에는 더 많이 심어 볼 작정입니다.

락교는 밭에서 나는 약이라고 불릴 정도로 약효가 뛰어난 식재료입니다. 한방에서는 생약으로도 쓰이고 있죠. 락교의 매운맛과 냄새는 디알릴 설파이드 성분에서 나옵니다. 우리 몸속에서 발암물질을 해독하는 효소를 활성화시키는 효능이 있다고 합니다.

몸속에 쌓인 노폐물을 배출시키거나 강한 항균작용으로 헬리코박터균을 없애는 효과도 있고, 식이 섬유가 우엉의 3~4배 정도로 풍부하죠. 우엉도 초절임으로 자주 먹지만 장내 환경을 조절하고 변비에도 효과가 있는 건 락교가 한 수 위입니다.

피로 회복이나 혈액 순환에 도움이 되는 락교를 많이 담가두었다가 매일 밥상에 올립니다. 락교 절임과 우메보시, 된장만 있으면 밥반찬을 걱정할 일도 없지요. 밥상의 기본이 되는 락교처럼 든든한 뿌리를 가진 사람이 되고 싶습니다.

[재료와 방법]

락교…2kg ㅣ A[식초…6컵 ㅣ 물…반 컵 ㅣ 조제당…2컵 반 ㅣ 천일염…4 작은 술 ㅣ 홍고추…3~5개]

① 락교는 껍질을 벗기고 물에 씻어 물기를 제거합니다.

② A를 끓여서 식힌 후 락교를 넣고 절입니다.

락교는 씻어서 소쿠리에 넣고 그늘에서 말려줍니다.

단무지

밭에서 딴 싱싱한 제철 채소로 된장국을 끓입니다. 멸치육수로 만든 맛국물을 넣고, 여기에 몇 가지 밑반찬이면 맛있는 밥상이 완성되어 바로 먹을 수 있습니다. 여유가 있을 때 반찬을 하나 정도 더 만듭니다.

밑반찬은 쌀겨에 절인 채소들과 우메보시, 락교 절임, 낫토 외에 가고시마에 사는 하나 씨가 담그는 법을 알려준 단무지를 주로 만들어둡니다.

추워지고 북풍이 불기 시작하면 맑은 날을 골라 무를 썰어서 무말랭이를 만듭니다. 무는 햇볕에 말리면 감칠맛이 더하는데다 비타민 D가 생성되어 영양가도 높아집니다. 고치 지역의 겨울 날씨는 유난히 건조하기 때문에 무를 통째로 말리기도 합니다. 마치 커다란 못처럼 생겼지요.

하나 씨는 밭에서 한 이랑 정도의 무를 뽑아다가 말려서 단무지를 만듭니다. 막 담갔을 때도 맛있지만 3년 정도 묵히면 약간 끈기가 생기면서 진한 갈색으로 변하는데 이걸 얇게 썰어 먹습니다. 무말랭이 같은 단무지라고나 할까요. 반찬으로도 안주로도 손색이 없습니다.

산꼭대기에 사는 우리에게 이런 저장 식품은 정말 귀중합니다. 예전에는 어느 집이든 마찬가지였을 거라 생각합니다. 갑자기 손님이 찾아오거나 가마솥에 수십 인분의 밥을 해야 할 때도 저장 식품이 있으면 반찬 걱정은 필요 없습니다.

설령 큰 지진이 일어난다 해도 마찬가지입니다. 저장해둔 반찬, 직접 담근 된장, 보관해 놓은 쌀, 밭에 심어둔 채소가 있다면 어떻게든 견딜 수 있습니다. 어떤 위기 상황이 오더라도 먹을거리는 꼭 필요합니다.

부엌에 먹을거리가 있다는 든든함은 마음의 평온으로 이어집니다. 부엌에서 음식을 만들 때 당장 먹을 것만 생각하는 게 아니라 1년 정도 길게 내다보고 준비하면 더욱 몸에 좋은 것을 먹을 수 있습니다. 지금 만드는 음식을 앞으로 1년 동안 먹고 생활하면서 몸을 변화시켜 가는 것이죠.

[재료와 방법]

무…2~4개 | 조제당…600g | 천일염…200g | 식초…360g | 다시마…1~2장 | 홍고추…2개

① 무를 씻어 4~5일 햇볕에 말립니다. 무가 구부러질 정도가 되면 절일 시기입니다.

② 무청을 잘라냅니다. 무는 조제당과 소금으로 수분이 빠져 숨이 죽을 때까지 문질러줍니다.

③ 무를 용기 높이에 맞춰 잘라줍니다. 용기 안에 꾹꾹 눌러 채운 후 다시마와 고추를 넣고 마지막에 식초를 부어줍니다. 양념 식초가 모자라면 같은 재료를 만들어 용기가 가득 찰 만큼 채워줍니다.

재래품종이라 크기도 모양도 각양각색.

양념 식초에 절여 놓은 모습도 예쁩니다.

하나 씨에게 배운 단무지는 얇게 썰어 놓으면 술안주로도 좋습니다.

쌀겨 채소 절임

할머니는 발효 쌀겨가 든 항아리를 매일 정성껏 살피셨습니다. 그 모습을 보며 저도 어른이 되면 커다란 항아리에 쌀겨 채소 절임을 만들겠다는 꿈을 꾸었죠. 아이는 가장 좋아하는 어른이 재미있게 일하는 모습을 보면 따라하고 싶은가 봅니다.

누군가 저에게 죽기 전에 먹고 싶은 음식이 뭐냐고 물으면 당연히 쌀겨 채소 절임이라고 대답할 겁니다. 일본 식문화의 원점이라고도 할 수 있는 음식이니까요. 늘 밥상에 올라오는 밥반찬이기 때문에 자연스레 채소를 많이 먹을 수 있습니다.

쌀겨는 현미를 도정할 때 나오는 배아나 표피의 호분입니다. 배아는 비타민과 미네랄을 함유하고 있어 훌륭한 먹을거리가 됩니다. 발효시킨 쌀겨에 채소를 넣고 절이면 영양가가 훨씬 높아지죠.

발효 쌀겨는 한번 만들어 놓으면 평생 쓸 수도 있습니다. 처음엔 시큼하게 느껴지더라도 매일 조금씩 쌀겨를 보충하며 바닥에서부터 뒤집어주면 됩니다. 그럼 쌀겨는 마치 의지를 가지고 있는 것처럼 스스로 맛있어지려 애씁니다. 포기하지 않고 맨손으로 계속 저어주면 손에 붙은 상재균이 들어가서 발효를 도와줍니다. 내 손으로 내 몸의 상재균을 사용해서 나에게 맞는 먹을거리를 만드는 것이지요.

최근에는 작은 용기를 사용하거나 냉장고에 보관하기도 하지만 발효 쌀겨는 큼지막한 항아리를 사용해 상온에서 담그는 것이 좋습니다. 냉장고 안에서는 발효가 잘 안 되고 무엇보다 저을 때 손이 시리니까요. 상온에서 담그면 귓불처럼 부드럽고 폭신폭신한 상태로 만들 수 있습니다. 만드는 사람의 취향에 따라 생강이나 겨자, 맥주를 조금 넣어도 좋습니다.

할머니로부터 어머니에게로, 어머니로부터 저에게로, 이렇게 대대로 이어온 훌륭한 발효 문화를 다음 세대로 이어가고 싶습니다.

[재료와 방법]

물…2ℓ | 천연소금…250g | 법랑 용기 | A[덖은 쌀겨…2kg | 다시마…3장 | 홍고추…6~7개 | 산초…작은 알갱이 2개]

① 끓인 물에 소금을 풀고 식혀둡니다.

② 용기에 A를 다 넣고 ①을 넣으면 완성입니다.

[매일 저어주기]

아침과 저녁, 하루 두 번을 기준으로 용기 바닥에서부터 뒤집어 저어줍니다.

물기가 생기면 쌀겨와 소금을 보충해줍니다.

곰팡이가 피면 윗부분만 살짝 걷어서 버립니다.

쌀겨 가지 절임은 좋은 빛깔을 내기 위해 소금으로 문질러줍니다.

생강 초절임

'살림이 일, 일이 살림.' 이젠 사람들도 살림에 대한 생각이 달라졌습니다. 과거에는 살림을 여자나 아이들이 하는 일로 구분하고 중요하지 않은 일로 치부했던 남자들이 많았지만 이젠 옛말이 되었습니다. 시대는 흐르고 바뀝니다.

어느 날 "아무리 살림을 잘해도 마음에 여유가 없을 정도로 바쁘게 살림만 한다면 무슨 의미가 있겠어. 그리고 장사하는 사람들도 먹고 살아야지." 하고 남편이 말했습니다. 말다툼 끝에 결국 우메보시나 매실주 같은 건 사서 먹기로 하고 편히 지내자고 작정한 해도 있었습니다.

그러던 어느 날 식사를 하던 도중 뭔가 허전하다는 생각이 들었는지 "생강 초절임은 없어?"라고 남편이 물었습니다. "그건 우메보시를 만들 때 나오는 매실 식초가 없으면 못 만들어" 하고 대답했더니 무척 아쉬운 표정을 감추지 못했습니다.

매실 식초가 생강 초절임이나 양하 초절임으로 다시 태어나는 것처럼 돌고 도는 것이 살림의 본질이라는 생각이 들었죠. 대수롭지 않게 보이는 작은 일이 살림을 지탱하는 중요한 고리였던 것입니다. 생강 초절임을 볼 때마다 그날이 떠오릅니다.

매실을 따고 이것저것 만드는 일은 물론 힘들지만 그럼에도 불구하고 재미있고 신나게 하려면 매년 같은 일을 반복하는 수밖에 없습니다. 매년 반복하면서 손에 익으면 힘들다는 생각은 점차 사라지고 자연스럽게 몸이 움직입니다.

우리의 진짜 일은 살림이 아닐까요. 사람은 살림을 위해 살아갑니다. 하지만 사회는 경제를 중심으로 돌아가는 것처럼 보입니다. 많은 사람들이 돈을 위해서는 어쩔 수 없다는 식으로 살고 있지요. 살림과 사회의 이런 모순을 깨기 위해서는 가정을 무언가 생산해 내는 곳으로 바꿔가는 일이 중요합니다. 생강 초절임을 만들면서 이런저런 생각을 하게 됩니다.

생강은 몸을 따뜻하게 해주는 생약이기도 합니다. 밭에서 직접 생강을 키우기 시작하면서 이렇게 저장 식품까지 만들게 되었습니다.

[재료와 방법]

생강 ㅣ 우메보시를 만들 때 생긴 매실 식초 ㅣ 천일염(생강 무게의 4%)

① 생강 껍질을 벗겨 3cm정도로 잘라 소금에 절여 냉장고에서 하루 재웁니다.

② 생강이 절여지면 소금기를 씻어 내고 반나절 햇볕에 말립니다.

③ 말린 생강을 매실 식초와 함께 병에 담습니다. 2주일 뒤면 먹을 수 있습니다. 냉장고에 보관하세요.

생강 초절임은 다코야키, 오코노미야키, 초밥의 재료로 쓰입니다.

말린 고구마와 곶감

12월 절기인 '대한'이 가까워지면 산꼭대기 마을에 첫눈이 내리면서 부쩍 추워집니다. 이맘때면 가을에 수확한 고구마도 말리고 감으로 곶감을 만듭니다. 기온이 낮고 건조한 대한 무렵이 아니면 실패할 수도 있기 때문입니다.

처마 밑에 주렁주렁 넘어놓은 감과 고구마가 황금빛으로 빛나는 광경은 겨울이 찾아왔음을 알려줍니다. 이곳에서는 말린 고구마를 '히가시야마'라고 부르는데 장터에 가면 어김없이 나와 있어 친숙한 이름입니다.

이렇게 말려 먹는 고구마는 호박고구마라는 품종으로 만듭니다. 쫄깃하고 진하고 촉촉하고 달아서 다른 품종은 상상할 수도 없습니다. 저도 엄청난 팬입니다.

호박고구마는 대체로 하얗고 작습니다. 삶으면 이름대로 선명한 호박색으로 변하고 말리면 황금색이 됩니다. 히가시야마는 바삭하게 말리는 것보다 반건조가 맛있습니다. 만들어서 바로 먹을 것을 제외하고는 냉장고에 냉동해두고 겨울 내내 간식으로 먹습니다.

말린 고구마에는 노화를 방지하는 카로틴과 비타민 C, 비타민 E가 풍부합니다. 화롯불에 구워도 맛있고 그냥 먹어도 될 정도로 다른 고구마에 비해 부드럽습니다.

곶감도 저장 식품입니다. 옛날 사람들은 생으로 먹는 단감보다 저장할 수 있는 떫은 감을 많이 심었습니다. 떫은 감은 감물 염색의 원료로도 사용했으니까요. 이곳에도 일터와 안채 사이를 흐르는 시냇가에 네다섯 그루의 오래된 감나무가 있습니다.

오래전 심어 놓은 감나무에 감이 주렁주렁 열리면 가지가 붙은 채로 감을 수확합니다. 가지가 달려 있지 않으면 감을 말릴 때 불편합니다.

곶감도 말린 고구마처럼 영양가 높은, 자연의 힘으로 만든 건강 간식입니다. 식물성 섬유가 많아서 장을 깨끗이 해주는 역할도 하지요. 생명력이 강한 먹을거리는 우리의 몸과 마음을 여유롭게 만들어줍니다.

[재료와 방법]

고구마(호박고구마) ㅣ 감 ㅣ 끈 ㅣ 쟁반

[말린 고구마]

① 고구마는 씻어서 껍질을 벗기지 않은 채로 20분 정도 삶아줍니다.

② 익힌 고구마는 뜨거울 때 껍질을 벗겨 도톰하게 잘라 법랑 쟁반에 펼쳐서 햇볕에 말려줍니다.

[곶감]

① 가지를 T자로 남기고 감 껍질은 벗겨줍니다.

② 끈으로 묶어 처마에 매답니다.

박고지

여름철 해 질 녘에 하얗게 박꽃이 핍니다. 박꽃이 지면 열매로 박고지를 만듭니다. 조롱박이라고도 하는데 이름대로 단아하고 소박하면서도 아름다운 모양을 가지고 있습니다.

박고지는 박 껍질을 사과를 깎듯이 끊어지지 않게 길게 깎은 뒤 말려서 만듭니다. 나라 시대(710~794년) 무렵 중국에서 일본으로 전해진 저장 식품으로, 사람들이 많이 먹게 된 것은 에도 시대(1603~1867년) 초부터라고 합니다.

가족들이 생선회덮밥을 좋아해서 저희 집에도 항상 박고지가 있습니다. 박고지는 김밥을 쌀 때도 빠뜨리지 않는 재료이고, 또한 봄에 자주 만드는 양배추롤을 묶거나 유부에 떡을 넣고 박고지로 묶어 어묵탕에 넣기도 합니다. 만들기 쉬워서 1년 치를 한꺼번에 만들어 놓고는 두고두고 먹습니다.

봄에 씨앗을 뿌리면 가을에는 주렁주렁 박이 열립니다. 박은 식이 섬유와 칼슘, 마그네슘, 칼륨이 풍부합니다. 식이 섬유는 변비 예방, 칼륨은 신장의 노폐물 배출을 돕는다고 해요. 몸에 좋으면서 칼로리가 낮은 음식이지요.

다만 시중에서 판매하는 말린 박고지는 곰팡이나 벌레를 막고 갈변을 방지하기 위해 아황산 가스로 훈연하여 표백한다고 합니다. 아황산은 유해물질이기 때문에 어린아이가 있는 가정에서 안심하고 먹으려면 역시 직접 만드는 것이 좋습니다. 직접 만든 박고지에는 새하얗지 않은 본연의 색이 그대로 남아 있습니다.

저는 씨앗을 받아두었다가 이듬해 밭에 뿌려 1년 치 박고지를 만듭니다. 박을 키우고 박고지를 직접 만들어 꺼내 쓸 때마다 박의 일생을 떠올립니다. 그럼 요리가 더욱 즐거워집니다. 밭에서 직접 키우지 않았다면 박이라는 식물도 박꽃도 모르고 살았겠지요. 꽃도 무척 예쁘지만 막 따온 박도 너무 귀엽고 예뻐서 정신이 혼미해질 정도입니다.

조롱박이라는 이름처럼 열매를 담뿍 맺은 모습이 한껏 탱탱합니다. 밭에서 잎사귀에 숨은 연둣빛 열매를 발견하면 저도 모르게 소리를 지를 정도로 기쁩니다. 작은 한 알의 씨앗에서 자란 열매가 동과나 호박보다 큰 모습에 감탄하며, 그 생명력에 고개가 숙여집니다.

[재료와 방법]

박

① 박 껍질을 벗기고 2cm 두께로 자른 뒤 돌려가며 길게 깎아줍니다. 이것을 2~3일 정도 햇볕에 말리면 박고지가 됩니다. 냉장고에 보관하세요.

박고지를 햇볕에 말립니다.

좋아하는 생선회덮밥에도 들어가기 때문에 박고지가 많이 필요합니다.

가다랑어 맛국물

매일 밥을 하면서 빠뜨리지 않은 것이 '맛국물'입니다. 일본 음식에 빠질 수 없는 재료죠. 자연에서 얻은 식자재들로 국물을 내면 다른 것을 넣지 않아도 놀라울 정도로 감칠맛이 납니다.

맛국물을 사용하면 요리에서 깊은 맛이 우러나면서 한층 맛있어집니다. 또한 된장이나 간장, 소금 등의 염분을 덜 넣어도 되기 때문에 식재료 본연의 맛이 충분히 살아납니다.

맛국물은 맛도 좋지만 향기도 풍부합니다. 다시마, 표고버섯 같은 식물성 맛국물부터 가다랑어, 멸치, 전갱이, 날치와 같은 동물성 맛국물까지 다양하죠. 저는 요리할 때 언제든 꺼내 쓸 수 있도록 큰 유리병에 담아 찬장 위에 보관합니다.

가츠오부시는 그때그때 직접 갈아서 씁니다. 가츠오부시는 뼈를 발라낸 가다랑어를 삶은 다음 돌처럼 딱딱하게 건조시킨 저장 식품입니다. 곰팡이를 피워 만든 것을 '혼카레부시'라고 하는데, 이것은 누룩곰팡이의 일종으로 일반적인 곰팡이가 아닙니다.

보관법을 잘못 알고 씻어서 말린다고 담장에 넣어두었다가는 고양이가 물어갈 수도 있으니 조심해야 합니다. 가츠오부시를 직접 갈아서 사용하면 향기가 좋지만 벌레를 조심해야 합니다. 갈아서 쓸 수 없을 정도로 작아지면 병에 넣은 뒤 간장을 가득 넣고 술과 미림을 조금 넣으면 그 자체로 맛을 냅니다. 이렇게 해두면 맛국물을 새로 만들 시간이 없을 때도 금방 메밀 간장 소스를 만들 수 있죠.

아침밥을 준비하는 할머니나 어머니가 사각사각 가츠오부시를 가는 소리에 잠에서 깨던 일, 점심이나 저녁을 준비할 때는 가츠오부시를 서로 갈겠다고 야단 떨던 아이들이 떠오릅니다.

아이들의 미각은 어른들이 생각하는 것보다 예민합니다. 그중에서도 세 살 미만의 어린아이들은 화학조미료의 유해한 성분에 취약합니다. 그래서 더더욱 맛있는 맛국물이 주는 감동을 전해주고 싶습니다. 직접 만든 된장국에 맛국물을 더해 봅니다.

[재료와 방법]

가츠오부시 포…큰 사발로 한가득 ㅣ 물…800cc ㅣ A〔다시마…1장 ㅣ 말린 표고버섯…2~3개〕

① A를 물에 10분 이상 담가두었다가 중불에서 가열합니다. 끓기 직전에 다시마를 꺼내고 가츠오부시 포를 넣습니다.

② 3분 정도 끓인 후 체로 걸러줍니다.

③ 체로 거른 가츠오부시 포로 한 번 더 맛국물을 내줍니다.

찬장 위에 표고버섯, 가츠오부시 포, 멸치, 다시마가 놓여 있습니다.

어머니께 물려받은 가츠오부시를 가는 대패.

멸치 맛국물

우리집에 '멸치 혁명'이 일어났습니다. 가가와 현의 간온지 시에서 '야마쿠니'라는 멸치 가게를 하는 분이 놀러오셨습니다. 그분이 맛있는 멸치를 가져다주신 덕분에 우리집 맛국물 재료가 가츠오부시에서 멸치로 바뀌었지요.

야마쿠니 가게에서는 세토나이카이(일본 혼슈, 규슈, 시코쿠에 둘러싸인 바다-옮긴이)의 히우치나다 해안에서 잡히는 신선한 멸치만을 취급합니다. 특별한 방법으로 잡기 때문에 상처가 없고 비늘도 그대로 붙어 있죠. 은백색으로 빛난다고 은멸치라고도 부릅니다. 전통 수작업으로 아가미와 내장을 꼼꼼히 제거한 멸치를 사용하면 맑고 맛있는 맛국물을 낼 수 있습니다.

지금까지 먹어왔던 멸치는 비린내가 심하고 쓴맛이 있어 가족들이 별로 좋아하지 않았습니다. 그런데 은멸치로 우동 맛국물을 만들었더니 놀라울 정도로 기품 있는 요리가 되었죠.

그러고는 매일 먹는 된장국에 멸치로 만든 맛국물을 넣고 있습니다. 같은 바다에서 잡아 올린 싱싱한 해산물 역시 즐기고 있지요. 여행을 갈 때도 가츠오부시 포보다는 멸치를 가져가는 게 편합니다. 무엇보다 그냥 먹어도 될 정도로 맛있는 것이 장점이지요.

초등학교 5학년 첫 가정 시간에 밥과 된장국을 만들었습니다. 그때 만든 밥이 멸치영양밥이었습니다. 잘 씻은 쌀에 당근과 무를 나박하게 썰어 넣고 어슷하게 썬 우엉과 멸치, 유부를 넣어 만들었죠. 간은 소금과 간장으로 심심하게 했습니다.

영양밥은 교토 지역에서 주로 먹는 평범한 음식이지만, 학교에서 처음 만들어 보고는 신기해서 집에 돌아와 몇 번이고 다시 만들었던 기억이 납니다. 멸치가 신선하면 맛있는 영양밥을 만들 수 있더군요. 중요한 건 산화방지제를 쓰지 않은 신선한 멸치를 구하는 것이죠.

참고로 사누키우동에 들어가는 맛국물은 모두 멸치로 만듭니다. 가츠오부시 맛국물은 맑은장국, 달걀찜, 달걀말이 같은 음식을 만들 때만 사용하고, 다른 음식을 만들 때는 멸치로 낸 맛국물을 쓰면 좋습니다. 상대적으로 작은 생선인 멸치를 활용하는 것이 먹이사슬로 인한 피해를 줄이는 방법이기도 합니다.

[재료와 방법]

멸치…12마리 ┃ 물…800cc

① 30분 이상 멸치를 물에 불려둡니다.

② 중 불에서 가열해 끓기 시작하면 2분 뒤 불을 끕니다. 멸치를 골라내면 완성입니다.

은빛 멸치.

멸치영양밥은 가족 모두 좋아해서 눈 깜짝할 사이에 없어집니다.

낫토

아침은 낫토입니다. 낫토만 있으면 실멸치나 달걀, 오크라와 함께 식사를 준비할 수 있죠. 낫토를 집에서 직접 만들 수 있다면 만약의 상황에서도 안심이 됩니다. 동일본 대지진 이후 도쿄나 가마쿠라에 사는 친구들의 부탁으로 낫토를 보낸 적이 있습니다. 냉장고에 낫토가 한 팩이라도 있으면 콩을 삶고 균을 배양해 수제 낫토를 만들 수 있습니다. 낫토균은 생명력이 강해서 계속 낫토를 만들어 낼 수 있지요.

밭에서 키운 안전한 콩이 있다면 일단 마음이 놓입니다. 콩을 저장해두면 낫토를 비롯해 두부, 두유, 콩비지, 된장을 만들 수 있으니까요. 콩은 2~3년은 거뜬히 저장할 수 있기도 합니다.

대지진 이후 무슨 일이 생길지 몰라 이런저런 식재료를 비축해두고 있습니다. 쌀이나 건면우동, 국수나 메밀국수, 파스타나 펜네 등등이지요. 주식과 더불어 강력분, 박력분도 항상 비축합니다. 다만 오래되면 좋지 않으니 계속 소비하면서 먹은 만큼 다시 채워둡니다. 강낭콩, 붉은 강낭콩, 풋콩, 팥 등의 콩 종류는 1년 치를 비축했다가 수확기가 되면 햇콩으로 바꿔줍니다.

일주일에 한 번씩 만드는 우리집만의 수제 낫토 까르보나라를 소개해드릴게요. 우선 낫토를 잘게 다지고 달걀을 넣은 뒤 거품을 내줍니다. 여기에 버터 한 큰 술을 넣고 소금과 후추로 간을 합니다. 달걀 거품에 탄력이 생길 때까지 잘 저어줍니다. 이때 면발이 굵어야 낫토와 잘 어우러져 좋습니다.

파스타 면을 살짝 덜 익혀 씹히는 맛이 남은 상태에서 만들어 놓은 낫토 달걀 거품에 뜨거울 물을 조금 부어줍니다. 데워둔 큰 접시 위에 면과 낫토 달걀 거품을 담습니다. 싱거우면 소금이나 간장으로 간을 합니다. 여름이라면 들깻잎을 잘게 썰어 올리고 겨울이라면 김을 뿌려 완성합니다.

[재료와 방법]

낫토콩⋯100g ┃ 콩 삶을 물⋯500cc ┃ 낫토균(시중에 판매되는 낫토 팩 2분의 1 정도의 양으로도 만들 수 있습니다) ┃ 압력솥 ┃ 지푸라기(없으면 법랑 용기) ┃ 낫토를 담을 용기 ┃ 보온 상자(전용 용기가 없으면 스티로폼 상자) ┃ 담요(겨울에 필요합니다) ┃ 병

① 콩을 손가락으로 눌러서 뭉개질 정도로 삶습니다(압력솥은 압력이 높아진 상태에서 2분간 더 가열해줍니다).

② 지푸라기와 용기를 끓여서 소독합니다.

③ 용기 안에 콩과 낫토균(없으면 시판용 낫토)을 넣고 섞어줍니다.

④ 지푸라기의 양끝을 묶어 다발을 만든 다음 가운데를 벌려 ③이 밖으로 새어나오지 않도록 잘 넣어줍니다.

⑤ 보온 상자에 ④를 넣고 섭씨 40도 정도 되는 따뜻한 물을 담은 병을 틈새마다 놓아둡니다. 뚜껑을 덮은 뒤 담요로 감싸 하룻밤 재우면 완성입니다.

제 4 장

한 땀 한 땀

생활을 만들다

생활을 즐기는
한 땀 한 땀 바느질

생활은 만드는 일의 반복이고
만드는 일상이 곧 삶이 된다

소비하는 가정에서
생산하는 가정으로
생활을 깁는다

손걸레

도쿄의 마노니마 스튜디오 갤러리에서 손걸레 전시회를 진행한 적이 있습니다. 걸레도 마트에서 파는 요즘 같은 시대에 말이죠.

저는 오랫동안 사용하는 손걸레를 만들고 싶었어요. 계기는 한 수필가의 이야기였습니다. 그분은 더러워진 걸레가 보기 싫어서 한 번만 쓰고 버린다더군요. 그렇다면 아까워서 차마 버리지 못하는 손걸레를 만들면 어떨까 싶어 한 땀 한 땀 바느질을 했지요.

아무리 정성스레 만들어도 금세 버려진다면 걸레가 너무 가엽습니다. 그것은 아름다운 일이 아닙니다. 더러워지면 비누로 싹싹 빨아서 다시 사용하면 되지요. 자주 빨아서 닳아버린 걸레도 아름답습니다.

우리 할머니들 세대는 낡은 옷으로 걸레를 만들었지요. 걸레질을 하다 '어머 이건 할머니가 입던 옷이구나' 하면서 그저 걸레일 뿐인데도 왠지 정감이 느껴지던 것이 기억납니다. 그래서 저도 입지 않는 옷으로 걸레를 만들어 보았습니다. 빨간 실로 한 땀 한 땀 꿰매었죠. 그러고는 일부러 제 옷으로 만든 걸레를 찾아서 씁니다.

다른 사람이 입었던 옷으로도 걸레를 만들고 사용합니다. 그럴 때는 그 사람이 생각나고 왠지 더 소중하게 느껴지는 것 같아 기분이 좋습니다.

한 땀 한 땀 손수 만든 걸레는 소중합니다. 걸레질이 한결 즐거워지기 때문이죠. 저희 집에서는 마룻바닥에 천을 깔고 밥을 먹기 때문에 더 정성껏

마루를 닦습니다. 마루나 가구를 정성들여 닦다 보면 반들반들 윤이 나면서 사물에도 생명이 깃드는 것만 같아요. 그런 마음으로 걸레질을 하고 나면 집 전체가 생동감이 넘치고 제 몸과 마음도 깨끗해지는 기분입니다.

바느질을 하는 건 기도하는 일과도 닮았습니다. 엄청난 집중력으로 한 땀 한 땀 바느질에 몰두하다 보면 오로지 나 자신만 생각했던 이기적인 마음까지 완전히 사라져 버립니다. 신기할 정도로 마음이 편안해집니다.

[재료와 방법]

쓰다 남은 천 조각 ┆ DMC 자수실 ┆ 자수바늘

① 쓰다 남은 예쁜 천 조각을 원하는 크기로 이어줍니다.

② 2장의 천을 안으로 들어갈 면이 바깥으로 향하게 맞댄 다음 창구멍을 남기고 테두리를 재봉틀로 박음질해줍니다. 뒤집어서 창구멍을 바느질해 막아줍니다.

③ 전체를 빨간 자수실로 한 땀 한 땀 누벼줍니다.

내가 입던 옷이 한 땀 한 땀 손걸레가 됩니다.

앞치마

'한 땀 한 땀 워크숍'에서 가장 많은 분이 참가하고 호응이 좋은 시간은 바로 앞치마를 만들 때입니다. 그다음은 에코백이고요.

앞치마는 테두리를 한 땀 한 땀 손바느질해 끈을 단 아주 단순한 디자인이지만 자주 사용하는 것이라 그런지 직접 만들면 무척 행복합니다. 에코백 역시 외출할 때 항상 몸에 지니고 다니는 물건이라 손으로 직접 만들면 더욱 소중하게 생각되나 봅니다.

처음 워크숍을 열었을 때 남편은 "왜 모두들 같은 재료로 같은 걸 만들어?" 하며 조금 의아해 하더군요. 물론 재료는 같지만 한 땀씩 놓는 바느질 모양새는 신기하게도 모두 다릅니다. 바느질로 제각기 자신을 표현하는 거죠. 그렇게 워크숍에서 만든 물건은 모두 다른 모양이 된답니다.

나중에 이 사실을 깨닫고는 무척 놀랐습니다. 이름난 작가나 창작자만이 아니라 손으로 뭔가를 만드는 사람이라면 누구나 자신을 표현하게 된다는 생각이 들었습니다.

사람은 모두 무언가를 직접 만들고 싶은 열망이 있습니다. 표현하는 것이 익숙하지 않아 시간이 없다든지 재료가 없다든지 변명하지만 사실은 누구나 자유롭게 자신을 드러내고 싶어 합니다. 그럴 때 손과 바느질은 훌륭한 도구가 되어줍니다.

[앞치마]

몸판… 삼베 가로 80cm×세로 90cm ┃ 끈… 삼베 7cm×60cm 1장(목 끈), 7cm×
70cm 2장(허리 끈) 빨간 천, 빨간 체크무늬 천, 빨간 물방울무늬 천, 각 7cm 정도
┃ DMC 자수실 ┃ 자수바늘

① 몸판의 진동 둘레를 잘라 냅니다. 잘라 낸 조각으로는 앞치마 주머니를 만듭니다.

② ① 의 테두리를 곱솔 처리합니다.

③ 70cm짜리 천 끝에 물방울무늬나 다른 색깔의 헝겊을 재봉틀로 박음질해 이어
   준 다음 세로로 길게 접어 끈을 만듭니다. 이때 시접은 1cm 정도.

④ ②몸판에 끈과 주머니를 달아줍니다.

[에코백]

가방… 삼베 가로 45cm×세로 80cm ┃ 손잡이… 가로 12cm×세로 12cm, 빨간 천,
빨간 체크무늬 천, 빨간 물방울무늬 천, 각 12cm 정도 ┃ DMC 자수실 ┃ 자수바늘

① 삼베를 반으로 접어서 주머니가 되도록 양쪽 끝에 2cm 정도 시접을 만들어 재
   봉틀로 박음질합니다.

② 시접을 접어서 손바느질로 쌈솔 처리합니다.

③ 손잡이가 될 천 끝에 빨간 천과 빨간 체크무늬 천을 끈이 될 부분의 양 끝에 덧
   대어 세로로 접어줍니다. 시접을 1cm 접어 넣은 후 테두리를 손으로 휘갑치기
   해줍니다.

④ ② 번 손바느질한 본체에 ③ 번 끈을 붙입니다.

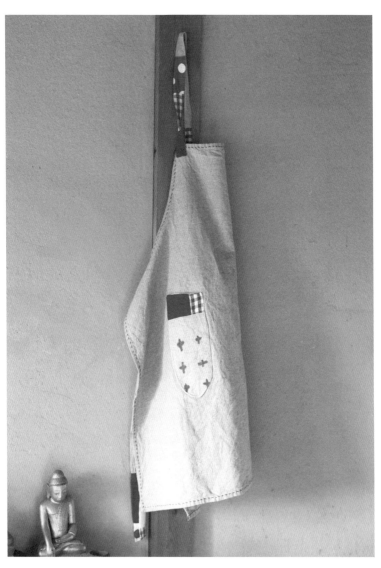

앞치마.

에코백.

속옷 자급자족

맨살에 닿는 속옷은 중요합니다. 왜냐하면 피부는 그 자체로 느끼고 생각하는 제2의 뇌라고도 할 수 있기 때문입니다. 피부를 생각하면 사람의 몸은 느슨하게 감싸주는 것이 좋습니다.

서양식 속옷이 들어온 건 최근 백 년 사이의 일입니다. 이후로 나온 속옷들은 몸을 꽉 조이거나 연약한 피부가 쓸리는 억센 천이 쓰이기도 하죠. 쉽게 습기가 차서 세균이 생기기도 하고요.

저는 직접 만든 헐렁한 속옷을 정말 좋아합니다. 몇 해를 그렇게 살다 보니 이제 서양식 속옷은 입을 수가 없을 정도입니다. 더구나 실크로 속옷을 만들면 몸에 걸치고 있다는 느낌도 들지 않을 정도로 가볍습니다.

우리 피부는 그저 몸을 안팎으로 나누는 역할만 하는 것이 아닙니다. 피부가 제2의 뇌라고도 불리는 데는 이유가 있습니다. 피부는 소리나 색을 느끼고 기분 좋은 질감과 기분 나쁜 질감을 느끼기도 합니다. 피부의 느낌이 그대로 감정까지 좌우하는 거지요. 우리가 피부에 좋은 속옷을 직접 만들어 입어야 하는 이유입니다.

저는 이제 모든 속옷을 직접 만들고 있습니다. 실크나 천연 거즈와 같이 피부가 좋아할 만한 천연소재로 만든 것이라 안심할 수 있습니다. 소재를 찾는 일은 수고스럽지만 만드는 방법은 아주 간단합니다.

직접 만들면 더 정성껏 바느질을 하고 소중히 사용하게 됩니다. 또 낡더라도 금방 다시 만들 수 있기 때문에 걱정이 없습니다.

[슈미즈]

실크, 혹은 천연 면 거즈…가로 50cm×세로 115cm ┃ DMC 자수실 5번

① 천을 세로로 반 접어서 어깨선을 비스듬하게 자르고 진동둘레와 목둘레를 잘라 냅니다.

② 옆 솔기에 시접을 남기고 재봉틀로 박음질한 다음 쌈솔 처리해줍니다.

③ 진동둘레와 목둘레는 곱솔 처리해줍니다. 몸판 앞면에 빨간 실로 수를 놓습니다.

[훈도시]

천연 면 거즈…몸체 가로 29cm×세로 75cm, 끈 폭 5cm×길이 110cm ┃ 속옷용 고무줄 75cm ┃ DMC 자수실 5번

① 몸체는 양쪽 세로 테두리를 곱솔 처리해줍니다.

② 끈은 고무줄이 들어갈 창구멍을 남기고 둥글게 이어 바느질해줍니다. 몸체는 가로로 반을 접어 다림질해 눌러줍니다. 창구멍이 가운데 오도록 맞춰서 몸체와 연결한 뒤 고무줄을 넣어줍니다.

훈도시와 슈미즈.

뜨개 수세미

초등학교 때 비 오는 날 놀이는 뜨개질이었습니다. 1950~1960년대 여자아이들 사이에선 뜨개질이 유행이었습니다. 실용적이라는 이유가 한몫했지요. 처음엔 실뜨기용 실을 사용하다 그 다음엔 코바늘 뜨개질을 했습니다. 아이들끼리 서로 모르는 걸 물어가며 모자나 목도리를 떴습니다.

뜨개질은 잘못 뜨더라도 수정이 가능합니다. 열심히 연습하면 솜씨도 늘어나고, 방법만 알면 얼마든지 뜰 수 있어서 쉬는 시간 10분을 손꼽아 기다릴 정도로 푹 빠져 있었습니다. 쉬는 시간이 끝났는데 뜨개질을 하다가 선생님께 들켜서 복도에서 벌을 선 적도 있었죠. 이처럼 어릴 때 놀이하듯 자연스레 뜨개질을 손에 익혔습니다. 좋아서 시작한 일은 머리가 아니라 몸으로 익히게 됩니다.

지금도 코바늘을 쥐면 어릴 때처럼 신나게 뜨개질을 하게 됩니다. 좋아하는 걸 잘하게 된다는 말처럼 뜨개질을 좋아하다 보니 손재주까지 길러진 것 같습니다.

한번은 설거지를 할 만한 적당한 수세미가 없어 직접 만들기로 했죠. 뜨개 3분 정도면 수세미 하나를 완성할 수 있습니다. 요즘은 저녁을 먹고 글을 쓰기 전에 하나씩 만듭니다. 놀이하듯 뜨개 수세미를 만들고 있노라면 기분 전환이 되어서 참 좋습니다.

시판되는 뜨개 수세미는 주로 아크릴 털실로 만든 것인데, 저는 남은 털실이 있어서 그걸로 떠 보았습니다. 매일 설거지를 하기 때문에 펠트처럼 점점 모양이 쪼그라들지만 그런 모습도 너무 귀여워 마음에 듭니다. 직접 만든 뜨개 수세미를 쓰는 것이 좋아서 설거지도 즐거워집니다.

다른 집에 놀러 가면 부엌 둘러보기를 좋아합니다. 부엌은 그 집에 사는 사람의 지혜가 응축된 곳이기 때문입니다. 부엌에서 그 사람의 성품과 지혜와 노력을 엿볼 수 있습니다.

부엌이 소비하는 장소에서 생산하는 장소가 되면 사회적으로도 가정의 역할이 조금은 바뀔 거라고 생각합니다. 저는 가정의 변화가 우리가 사는 세상과 삶을 바꾸는 시작이 될 거라 확신합니다.

[재료와 방법]

털실 ǀ 코바늘

① 코바늘로 사슬뜨기 10코를 뜬 뒤 한길긴뜨기로 4단을 올려줍니다(원하는 편물의 크기만큼 자유롭게 가감하여 만드세요).

② 테두리를 짧은뜨기로 돌면서 모양을 잡아주고 마지막에 사슬뜨기 10코로 손잡이를 만들면 완성입니다.

뜨개 수세미와 따뜻한 물로만 설거지합니다.

날 갈기

부엌일을 할 때 칼이 잘 들면 기분이 좋습니다. 그래서 한 달에 한 번은 숫돌을 꺼내 날을 갈아줍니다. 어릴 때 매주 일요일이 되면 아버지가 나무 대야와 숫돌을 꺼내와 부엌에서 칼을 갈아주셨습니다. 옆에서 지켜보며 슥슥 날이 갈리는 소리를 듣곤 했지요. 이것저것 잘라 보면서 칼이 잘 드는 걸 확인하면 정말 기분이 좋았습니다.

하지만 아버지는 대만, 한국, 태국, 말레이시아, 중동 등 해외로 거점을 옮겨가며 염색 일을 하시느라 집에 계시지 않을 때가 많았지셨습니다. 집 안의 칼은 점점 갈 필요가 없는 스테인리스 재질로 바뀌었지요.

결혼하고 시아버지께 칼을 선물로 받았습니다. 천년을 버티는 못을 만든다는 장인 시라타카 씨의 칼이었습니다. 마음에 쏙 들어 매일 쓰다 보니 자주 갈아줘야 했습니다. 점점 숫돌을 사용하는 일이 손에 익어 밭에서 쓰는 낫이나 손도끼도 갈았습니다. 원체 칼 가는 일을 좋아해서 자연스레 이 일도 제 몫이 되었습니다.

칼을 가는 시간은 마음을 가라앉히기에 좋은 시간입니다. 제게 칼 가는 방법을 제대로 가르쳐준 분은 숯을 만드시는 할아버지였습니다. 염색에 사용하려고 아이치 현 산슈아스케 저택으로 숯가마에서 나오는 재를 얻으러 간 적이 있습니다. 당시 80대였던 할아버지께 닭 잡는 법이나 칼 가는 법을 배우게 되었죠. 천연 숫돌과 숯 제조용 작업복까지 얻었습니다.

숯 장인인 할아버지처럼 삶의 지혜를 가진 사람이 되고 싶었는데 어느덧 30년이라는 세월이 흘렀습니다. 시대도 많이 변했지요.

미국 9.11 테러 이후에는 석유에 의존해 사는 것이 괜찮은 일인지, 동일본대지진이 일어난 후에는 원자력에 의존해 전기 생활을 해야 하는지 등을 곰곰이 생각하게 되었습니다. 지금까지의 생활에 의구심이 생겼지요.

아직까지 우리들은 편리함에서 자유롭지 못합니다. 그럼에도 불구하고 이제는 장작이나 숯처럼 순환 가능한 에너지를 적극적으로 사용하는 생활, 또 사회가 되어야 하지 않을까 생각합니다. 이미 30년도 전에 숯 할아버지가 저에게 말씀하신 그대로입니다.

[날 가는 법]

칼이나 가위 같이 날이 달린 도구 | 숫돌 | 물

① 숫돌을 물에 적십니다.

② 숫돌에 날의 안쪽(날이 편평한 쪽)을 대고 10회 갈아줍니다.

③ 날이 서 있는 쪽을 25도 각도로 기울여 30회 갈아줍니다.

④ 다시 안쪽으로 돌려 10회 갈아줍니다.

⑤ ①~④를 세 번 반복합니다.

우리집 칼들이 날을 갈아주기를 기다리고 있습니다.

감물 들이기

감물은 오래전부터 우리 생활에 뿌리내린 천연염료입니다. 물에 강하고 곰팡이를 방지해주는 데다가 방부, 방충 효과도 있습니다. 에도 시대에는 술을 담는 가죽 주머니나 그물을 튼튼하게 만들기 위해 감물을 들였다고 하네요. 저는 천을 염색하는 데 말고도 부엌 개수대 주변이나 대나무 바구니, 나무로 만든 칼집에도 바르고 있습니다.

천을 염색하기 전에 삶거나 빨아서 풀기를 없애주고, 툇마루에서 솔로 염색하거나 큰 용기에 담아 염색하기도 합니다. 감물은 햇빛이 닿으면 닿을수록 피막이 강해져 색이 진해지고 깊은 맛이 납니다. 연한 갈색에서 진한 갈색까지 다양한 색으로 물들지요.

산으로 이주해온 첫해, 마을 할머니에게 간장 담그는 법을 배우면서 감물을 만드는 법도 함께 배웠습니다. 감물로 천을 물들여 작업용 바지나 치마, 원피스나 가방을 만들었지요. 오래 쓰면 쓸수록 뭐라 표현하기 힘든 그윽한 맛이 우러나오는 것이 감물 염색의 매력입니다.

[감물 염색]
풋감 20개 혹은 시판용 감물 ㅣ 체 ㅣ 바구니 ㅣ 절구, 절굿공이 ㅣ 항아리
① 절구에 8월에 딴 풋감 20개 정도를 넣고 절굿공이로 잘게 으깨어줍니다.

② ① 을 항아리로 옮겨 담고 우물물을 부은 다음 종이로 뚜껑을 만들어 덮어서 1~2주일 동안 발효시킨 뒤 체에 걸러줍니다.

③ 시판하는 감물이라면 2~3배로 희석해 큰 용기에 담아 염색 과정을 2~3번 반복합니다(널어서 말리고 다시 염색합니다).

④ 천을 염색한 뒤 햇볕에 2주일 정도 말린 다음 빨면 완성입니다.

[감물 치마]

얇은 목면과 미얀마 목면 ┃ 흰색 벨베틴, 옅은 초록색 벨베틴 ┃ 면 끈 2m, 고무줄 75cm ┃ DMC 자수실 5번

① 목면 2m×80cm, 미얀마 목면 2m×10cm 1장과 15cm×25cm 2장(주머니 형태로 만듭니다)을 준비합니다. 흰색 벨베틴과 옅은 초록색 벨베틴을 4cm 폭으로 재단해서 미얀마 목면에 덧댑니다.

② ① 에서 재단한 목면과 미얀마 목면을 손바느질로 이어준 다음 원통으로 만들어 솔기는 쌈솔 처리합니다.

③ 허리 부분은 6cm로 곱솔 처리한 후 끈과 고무줄을 각각 넣기 위해 가운데를 재봉틀로 박음질해 분할해줍니다.

④ 주머니를 달고 치맛단을 곱솔 처리해줍니다.

⑤ 한 줄에는 고무줄을 넣습니다. 나머지 한 줄에는 끈을 넣은 뒤 끈 끝을 자수실로 묶어 마감해줍니다. 치마 가운데 부분에 끈이 나오도록 창구멍을 만들고 자수실로 휘갑치기합니다.

두꺼운 천을 염색할 때는 솔을 씁니다.

새끼줄

이곳 다니아이 마을에서는 산신령님의 제사를 담당하는 사람을 '오토우야'라고 합니다. 10년에 한 번 오토우야 차례가 돌아오면 지푸라기를 엮어서 새끼줄을 만들어야 합니다. 새끼줄을 꼬지 못하면 곤란하기 때문에 저는 마을 어른인 도요타로 씨에게 배웠습니다. 도요타로 씨는 우선 손에 침을 탁 뱉고 지푸라기를 양손에 잡아 비비면서 새끼를 꼽니다.

지금의 80대나 90대 할아버지들은 누구든 새끼줄을 만들 수 있습니다. 도요타로 씨 역시 어릴 때 직접 짚신을 만들어 신고 학교에 다녔다고 합니다. 필요에 의해 저절로 배웠던 거지요. 옛날에는 지푸라기가 포장 재료로 쓰였기 때문에 뭐든 짚으로 엮어서 들고 다니는 사람들이 많았다고 하네요. 하지만 이제는 새끼줄을 사용하는 사람이 거의 없습니다. 그러니 지금 배워두지 않으면 새끼줄을 만들 수 있는 사람도 영영 사라지겠지요. 이런 기술은 다음 세대로의 연결이 필요합니다.

새끼줄은 오른쪽으로 꼬는 오른새끼와 왼쪽으로 꼬는 왼새끼가 있는데 금줄처럼 특별한 날 사용하는 새끼줄은 왼새끼만 사용한다고 합니다.

설날은 새해의 신을 맞이하는 날입니다. 설날에 장식하는 금줄은 암수의 뱀이 얽혀 있는 것을 뜻하고, 장식용 흰 떡인 가가미모찌는 뱀이 똬리를 튼 모습을 상징합니다. 동그란 떡은 뱀 알입니다. 다산을 상징하는 뱀을 신성하게 여겨 자손 번영을 빌었던 것이지요. 새해의 신도 뱀이고, 산에서

186

오는 산신령도 사실은 뱀이라는 것을 『뱀』(요시노 유코 지음, 고단샤)이라는 책에서 읽었습니다.

뱀이 일본 신들의 근원이라는 사실에 정말 놀랍습니다. 중국의 용이나 인도와 가나의 뱀 신 역시 일본의 뱀 신과 어떤 관련이 있는 것 같습니다.

[재료와 방법]

지푸라기 | 나무망치 | 붉은 고추 | 멸치 | 굴거리나무 잎

① 지푸라기에 분무기로 물을 뿌린 뒤 나무망치로 두드려줍니다.

② 지푸라기가 부드러워지면 3가닥을 엮어 끈 2개를 만듭니다. 2개의 끝을 지푸라기로 묶어주고 발로 눌러 고정해줍니다.

③ 엄지와 검지 사이에 쥐고 손바닥을 비벼 새끼를 꼽니다. 오른쪽으로 꼬면 오른새끼, 왼쪽으로 꼬면 왼새끼가 됩니다. 금줄은 왼새끼를 사용합니다.

④ 새끼줄 사이사이에 고추, 멸치, 굴거리나무 잎을 꽂아 걸어둡니다.

금줄을 만드는 도구와 재료.

새끼 꼬는 자세.

무두질.

냄비 잡이

부엌에 있는 한 땀 한 땀 냄비 잡이. 우리집에서는 저뿐 아니라 남편과 아이들은 물론 제자나 놀러온 친구들까지도 자유롭게 부엌에서 요리를 합니다. 그럴 때 모두들 "냄비 잡이 어딨어?" 하고 찾곤 하죠. 그렇게 모두의 손을 거치며 일하는 냄비 잡이는 행복할 겁니다.

부엌에 냄비 잡이가 없으면 불안합니다. 항상 놓아두는 위치에 없으면 허둥지둥 하게 되죠. 그래서 저는 눈에 잘 띄도록 빨간색으로 만듭니다. 한번은 무채색으로 만들었더니 잘 보이지 않아 모두들 애를 먹었기 때문에 빨간색으로 다시 만들었습니다.

저희 집 부엌에서 쓰는 가스레인지는 업소용입니다. 예전에 마츠야마 시에 있던 '레이첼카슨'이라는 자연식 레스토랑에 있던 것을 가져와 20년이나 잘 쓰고 있습니다. 화력이 강해서 냄비가 금방 뜨거워집니다. 무쇠 주전자는 냄비 잡이 하나로 잡을 수 있지만 냄비에는 2개가 필요합니다.

저는 넉넉하게 5장을 준비해 가스레인지 옆 정해진 위치에 두고 있습니다. 항상 불과 가까이 있고 여러 가지 요리 도구를 만지기 때문에 금세 타거나 지저분해집니다. 하지만 그걸 수선해 쓰는 일도 즐겁습니다. 깨끗하게 빨고 탄 부분을 한 땀 한 땀 기워 놓으면 알뜰살뜰 살림을 하고 있다는 생각에 흐뭇해집니다.

아마도 헝겊에 생명이 깃들어 있기 때문이 아닐까요. 저는 헝겊이 다 닳아 없어질 때까지 쓰는 것을 좋아합니다. 할머니가 그러셨던 것처럼 쓰다가 헤지면 10cm 정도로 작게 잘라 용기에 넣어두었다가 얼룩을 문질러 닦을 때 사용합니다. 옛날 사람들은 마지막엔 실밥을 푼 뒤 불을 붙여 벌레를 쫓는 데 썼다고 합니다.

[재료와 방법]

가공하지 않은 흰색 캔버스 천 | 빨간 체크무늬와 물방울무늬 천 | 수건 | 면 끈 |
DMC 자수실 혹은 누비실

① 캔버스 천에 좋아하는 빨간 체크무늬와 물방울무늬 천을 이어 붙입니다. 이것을 원하는 냄비잡이 크기로 재단해 2장 준비합니다.

② 2장의 천을 안으로 들어갈 면이 바깥으로 향하게 맞댄 다음 같은 크기로 재단한 수건을 중간에 넣습니다. 5cm 끈으로 고리를 만들어 중앙에 시침질로 고정한 다음 테두리를 박음질해줍니다. 이때 밑에 4cm정도 창구멍을 남겨둡니다.

③ 뒤집어서 창구멍을 박음질해주고 가운데 부분을 양쪽에서 보일 수 있도록 한 땀 한 땀 누벼줍니다.

탕파 주머니

온열 건강법은 양말 겹쳐 신기, 반신욕, 소식 이렇게 세 가지가 중요합니다. 양말을 겹쳐 신을 때는 실크 발가락 양말, 울 양말, 실크 양말, 다시 울 양말 순으로 신습니다. 이때 고무줄 부분이 헐렁하지 않으면 역효과가 납니다.

반신욕은 명치 아래로만 물에 담급니다. 땀이 날 때까지 20분 정도 책을 읽으며 반신욕을 하는데 만약 반신욕을 할 수 없을 때는 이불 속에 탕파를 넣습니다.

그러면 잠을 자는 동안 반신욕으로 몸을 데우는 것과 같은 효과를 볼 수 있습니다. 반신욕을 하고 탕파까지 넣으면 기분 좋게 잠들 수 있죠. 이불 속 작은 행복입니다. 겨울엔 탕파가 있어서 정말 행복합니다.

탕파는 금속이나 고무 등 여러 재질이 있지만 특히 도자기 제품이 보온에 탁월합니다. 아침까지 따뜻할 정도지요. 저희 집에서는 저녁에 화목 난로로 물을 끓여 보온력 좋은 스테인리스 온수 병 2개에 나누어 담아두었다가, 자기 직전 탕파에 뜨거운 물을 옮겨 담습니다.

탕파를 사용할 때는 한 땀 한 땀 손수 만든 주머니에 넣습니다. 특히 도자기로 만든 탕파는 뜨겁기 때문에 화상을 입지 않도록 주머니를 함께 사용해주세요.

[재료와 방법]

겉감(플란넬) 가로 32cm×세로 35cm …2장 ┃ 안감 가로 32cm×세로 44cm …2장 ┃ 조각보(좋아하는 색과 무늬로 만든 것) 가로 32cm×세로 10cm …2장 ┃ 끈 70cm …2줄 ┃ 단추 …2개 ┃ 고무줄 클립바늘

① 겉감 2장과 안감 2장을 탕파 모양에 맞춰 밑을 둥글게 재단한 뒤 테두리를 재봉틀로 박음질해 주머니 모양을 만들어줍니다. 시접은 1cm, 이때 겉감의 양옆은 위에서 2cm 간격을 띄우고 박음질합니다. 마찬가지로 안감도 양옆을 위에서 11cm 간격을 띄우고 박음질합니다.

② 좋아하는 색과 무늬의 헝겊을 재봉틀로 이은 후 가로 32cm, 세로 10cm로 재단해 긴 직사각형의 조각보를 만듭니다.

③ 겉감에 ②의 조각보를 이어줍니다. 시접은 1cm입니다.

④ ③과 안감을 겉끼리 마주대고 윗부분을 이어줍니다. 시접은 1cm입니다.

⑤ 창구멍으로 천을 뒤집어 안감을 겉감 속에 넣으면 탕파 주머니 형태가 완성됩니다.

⑥ 끈을 넣을 출구를 남기고 테두리 부분을 안으로 1cm 접어 홈질해줍니다.

⑦ 위에서 3cm 아래와 5cm 아래를 겉감과 안감이 겹쳐진 상태로 가로로 곧게 홈질해 끈을 넣을 공간을 만듭니다.

⑧ 한쪽 통로 구멍으로 끈을 끼워서 한 바퀴 돌아 처음 들어갔던 쪽으로 다시 나옵니다. 반대쪽도 똑같이 한 뒤 끈 끝에 단추를 매달아주면 완성입니다.

탕파 주머니와 겹쳐 신는 양말들.

벌레 쫓는 약

여름을 무척 좋아합니다. 하지만 산속 여름은 온갖 벌레와의 싸움입니다. 고치 곳에 저기압이 머물면 오랫동안 장맛비가 내리는데 바로 이런 장마철에 벌레가 많이 생깁니다. 저녁 쓰르라미가 울기 시작할 무렵이지요.

벌레들과 잘 지낼 방법이 없을까 골몰하며 산을 오르다 해질 무렵 숲에서 울려 퍼지는 쓰르라미 울음소리에 퍼뜩 산 정상에 있는 저를 발견했습니다. 주위가 온통 군청색으로 물들면서 그토록 푸르던 숲이 차츰 쪽빛으로 물들어 가는 광경은 경험해본 사람이 아니라면 맛볼 수 없는 기쁨입니다.

이런 찰나의 아름다움은 해가 뜨고 지는 순간에만 볼 수 있습니다. 온몸으로 자연을 느낄 수 있다면 지금 눈앞에 펼쳐진 자연 그 자체가 더할 나위 없는 행복으로 다가오겠지요.

하지만 여전히 벌레는 조심해야 합니다. 특히 여름에는 벌레가 많아집니다. 그중에서도 낮에는 등에, 저녁에는 모기가 골칫거리죠. 유칼립투스, 시트로넬라, 레몬그라스, 페퍼민트, 티트리 오일 등으로 방충 스프레이를 만들어 써 봤지만 소용이 없었습니다. 그래서 가고시마 지역에서 자급자족 생활을 하는 텐더 씨의 웹 사이트에 소개된 방충제에 도전해보았습니다. 부엌에 있는 재료로 간단히 만들 수 있어서 좋았지요.

직접 만든 방충제를 얼굴과 팔에 바르고 밭이나 숲으로 가 보았습니다.

평소대로 민소매 옷을 입었는데 모기나 등에가 달려들지 않았습니다.

저희 집은 자급자족 수준으로 밭을 일구고 있지만 그래도 엄연한 농업인입니다. 이렇게 깊은 산중에서도 900평 이상 농사를 지어야 농업인으로 인정받을 수 있지요. 여름이면 제초기 3대를 들고 다녀야 겨우 풀을 제거할 수 있을 정도로 만만치 않은 크기의 땅입니다.

처음에는 땅도 없던 제가 농업인이 되기까지 힘든 여정을 거쳤습니다. 농사가 생업은 아니었지만 농업인이 되고자 애를 쓴 이유는 농지를 가지고 싶었기 때문입니다. 농지는 농업인이 아니면 살 수 없으니까요.

[재료와 방법]

술(진 혹은 보드카) … 500ml(알코올 37%) ┃ 정향(홀) … 100g ┃ 참기름(끓인 것) … 100ml

① 술과 정향을 섞어 3일간 방치해둡니다.

② ①에 100도에서 끓여 식힌 참기름을 넣으면 완성입니다. 팔이나 다리 등에 문질러 바르면 벌레가 달려들지 못합니다.

눈과 귀와
코와 혀와
피부로 느끼는
생생한 말

흙은
내 안에 숨 쉬는
야생의 정신을
깨운다

제 5 장

작은 생각을
품다

그럴싸한
말이 아니라
작게 생각한 말이
나를 만든다

단출하게 살기

가능한 단출하게 살고 싶다고 생각하지만 가족은 대가족이 좋습니다. 고치 지역으로 이주하고, 시아버지를 모시게 되고, 아이들이 돌아오고, 제자들도 생겼습니다. 수십 년이 지나다 보니 이렇게 점점 가족이 늘어났습니다.

사는 일이 너무 버겁고 커졌다 싶으면 때때로 여행을 떠납니다. 마다가스카르 섬으로 가서 바오바브나무를 보거나 인도 바라나시에 가서 갠지스강을 보았습니다. 또 북경이나 뉴욕으로 향하기도 했지요.

여행을 통해 단출한 삶을 다시 생각해봅니다. 예전에는 배낭 하나, 지금은 슈트케이스 하나만 가지고 떠납니다. 더 많이 가져갈 수도 없습니다. 여행은 나로 하여금 단출하게 사는 생활의 원점을 일깨워줍니다.

지금 삶에서 정말 필요한 것은 아주 조금입니다. 단출한 집. 단출한 밭. 단출한 과수원. 단출한 일. 단출한 부엌. 무엇이든 단출함이 기준입니다.

이것이 고도 성장기와 경제 호황을 경험한 우리가 지금 세대에게 줄 수 있는 선물입니다. 부작용이 컸던 수직 성장에서 벗어나 단출하지만 지속 가능한 경제를 바탕으로 한 생활 양식을 만들고 싶습니다.

주위 둘러보기

하루하루 삶을 아름답게 만들고 싶을 때 저는 주위를 둘러봅니다. 붉은 피조아꽃, 은구슬처럼 빛나는 어린 동과, 블루베리를 쪼는 꿩들을 보면 아름답다는 생각이 절로 듭니다.

찬찬히 둘러보면 자연의 아름다움을 깨달을 수 있습니다. 나무와 밭에 핀 꽃과 야생화처럼 매순간 감동적인 장면을 연출해내는 건 다름아닌 자연이지요.

가끔은 의식적으로 주위를 둘러보며 아름다움을 느끼는 것이 중요합니다. 무언가를 아름답다고 느끼는 사람의 마음은 무척 고귀합니다. 평화를 바라는 마음 역시 그렇습니다. 아름다움을 느끼는 마음과 평화를 기도하는 마음은 분명 같은 샘물에서 솟아나는 것이니까요.

저는 언젠가 사회 전체가 아름다운 삶으로 변화할 날이 오리라 생각합니다. 아름다운 삶은 평화를 기도하는 삶. 평화를 기도하는 것은 아름다운 삶.

평화로운 하루하루를 소중히 여기며 살아가고 있습니다.

감각 기르기

어떻게 하면 아름다움을 느끼는 감각을 기를 수 있을까요? 우리는 아주 어릴 때부터, 아주 작은 경험들을 쌓으며 아름다움에 대한 감각을 만들고 키워갑니다. 거창하게 교육이라고 할 것까지도 아닙니다. 아이들은 부모로부터 할머니와 할아버지로부터 자연스럽게 배웁니다. 그들의 말과 행동, 모습 하나하나가 다음 세대에게 물들듯 전해지는 것이죠.

들리지 않는 소리를 듣고, 보이지 않는 걸 보고, 만질 수 없는 존재를 만지는 것처럼 감각을 좋긋 세우다 보면 더 잘 느낄 수 있습니다. 좋아하는 사람을 만나거나, 영혼을 흔드는 음악이나 책, 영화를 통해 길러지는 것도 있지요. 또한 자신의 의식 속에서 어떻게 마음을 닦느냐에 따라 약한 이와 곤경에 처한 이들이 전하는 소리를 들을 수도 있습니다.

아름다움과 정반대에 있는 건 전쟁입니다. 전쟁은 아름답지 않습니다. 전쟁은 약한 이들을 더욱 약하게 만들기에 일어나서는 안 됩니다. 그래서 아름다움을 느끼는 마음이 더 소중한 것입니다.

나를 지우기

　나를 지운다는 것은 자신을 내려놓는다는 뜻입니다. 국가나 어떤 존재를 위함이 아니라 자신의 존재가 없는 것처럼 지내는 걸 뜻합니다.

　젊을 때 저는 자기주장이 강한 작품을 만들었습니다. 자기주장이 강할수록 좋은 표현이라고 생각했습니다. 지금도 물론 표현하는 작업은 곧 자신을 드러내는 일이라고 생각하지만 그보다는 상대를 배려할 때 진짜 자신이 될 수 있다고 생각합니다.

　그렇게 상대를 배려하다 보면 무아의 경지에 빠지게 됩니다. 잘났다고 앞에 나서는 것보다 나를 덜어 내는 뺄셈을 해야 한다는 것을 깨달았습니다. 육아를 하고 시아버지를 돌보게 되면서 나 자신을 우선순위에 놓을 수 없는 상황이 있었습니다. 그때 자연스레 자신을 내려놓을 수 있었습니다.

　지금은 작품을 만들면서도 나를 지우곤 합니다. 말이나 글과는 다르게 정말로 나를 내려놓는 건 쉽게 할 수 있는 일이 아니지만 항상 스스로에게 다짐하곤 합니다.

삶의 토착

내가 한 그루의 나무라면 어디에 뿌리를 내려야 할까. 이것이 제가 생각하는 토착입니다. 토착은 한 지역에 오래 사는 것, 혹은 지역에 뿌리내리는 일입니다. 저는 어릴 때부터 토착하는 삶을 동경했습니다. 제 안에서 문명과 토착은 항상 서로 부대낍니다.

자신이 가지고 있는 것을 제대로 바라볼 수 있으려면 자신이 어느 곳에 뿌리내리고 있는지 생각해야 합니다. 저는 고민할 일이 생길 때 만약 조몬인이라면 어떻게 했을지를 생각합니다.

현실은 미개와 문명 사이에 있지만, 그래도 하나를 택하라면 미개한 사람의 토착을 동경합니다. 토착한 사람들의 삶. 여자가 흙으로 항아리를 만들고 남자가 그것을 굽는 그런 원시적이고 미개한 토착의 세계에 뿌리를 내리고 싶습니다.

그런 생각을 하게 된 이유는 현대의 문명 발전 속에서 원자력이나 전동차를 비롯한 편리한 것들이 정말 사람들에게 필요한 것일까 하는 의문을 가졌기 때문이지요. 인간에게 도움이 되는 많은 것들이 토착이나 미개한 일상 속에 있었는데 우리가 그것을 점점 잃어버리는 것만 같습니다.

돌고 도는 나누기 경제

화폐가 없던 시대에는 '나누는 경제'가 주류였습니다. 물물교환 이전의 세상이지요. 가진 이가 없는 이에게 나누는 것. 가진 이에게서 없는 이에게로 물건이 돌고 돌았던 세상입니다.

제가 사는 마을에서는 지금도 나누는 경제가 행해지고 있습니다. 채소를 많이 수확하면 필요한 이에게 나눠줍니다. 당장 돌려줄 게 없어도 괜찮습니다. 또 물건이 아니라 노동을 나누기도 합니다. 누구나 일방적으로 주거나 받기만 하는 것도 아니지요.

자신의 밭에 먹을 것이 없어도 괜찮을 정도로, 당장 먹을 양식이 없는 사람이 없을 정도로, 먹을거리가 마을 전체에 돌고 도는 사실이 기쁩니다. 오히려 모든 것을 돈으로 환산한다면 뭔가 쓸쓸하고 슬프겠지요.

더 많은 사람들이 나누는 경제로 돌아갈 수 있다면 좋겠습니다. 일부라도 그렇게 된다면 지금보다 느리게 살아갈 수 있지 않을까요. 그러려면 밭에서 채소를 키우거나 음식을 만들거나 자신의 손으로 무언가를 만드는 사람이 지금보다 더 많아져야 합니다.

바지런히 일하기

다니아이 마을에선 80대 할머니 할아버지라도 현역입니다. 밭을 갈고 채소를 키우고 낮잠을 자고 잡초를 베고 장작을 하러 산에 오르는 등 온 종일 바지런히 움직입니다. 주변에 땅만 있으면 어떻게든 먹고살 수 있음을 몸소 보여주고 계시지요.

어르신들은 모든 물건을 아깝다, 아깝다 하시며 무조건 기워서 입고 고쳐서 씁니다. 그뿐 아니라 낫을 갈고 도낏자루를 고치고 무너져 내린 돌담을 다시 쌓거나 논두렁길을 닦기도 하지요. 이렇게 뭐든지 자신들의 힘으로 뚝딱 해치워버립니다.

옛날에는 백 가지 일을 해낸다고 하여 백성이라 불렀다고 합니다. 저도 그런 의미에서 백성이 되고 싶습니다. 씨앗을 뿌리고 싹을 틔우고 밭을 일구고 매실을 따거나 잼을 담고 옷을 지으며 바지런히 일하는 사람이 되고 싶습니다. 바지런한 사람은 몸도 마음도 건강하고 튼튼합니다. 움직이니까 더 건강해지는 것이겠지요. 몸은 바지런히 놀리지 않으면 녹슬어 버리니까요.

더불어 사는 씨앗

우리가 가게에서 구입하는 씨앗은 고정종이나 F1 품종 둘 중 하나입니다. F1 품종은 교배해서 만든 1세대 교배종입니다. 씨앗을 구입할 때 겉봉투를 보면 씨앗의 유래를 알 수 있습니다.

두 씨앗의 차이는 채소를 길러 맛을 보면 알 수 있습니다. 개인적으로는 고정종 씨앗으로 키운 채소가 본래의 맛이 살아 있어 맛있다고 생각합니다. 고정종 씨앗은 맛도 좋지만 가정에서도 채취가 가능하다는 장점이 있지요.

고정종 씨앗은 같은 땅에서 수년간 재배하다 보면 그 땅의 풍토를 기억해 더욱 맛있고 훌륭한 개성을 가진 채소가 됩니다. F1 품종은 대규모 농가를 위해 만들어져 널리 사용되고 있습니다. 반대로 사라질 위기에 처한 재래종이나 고정종 씨앗은 현재 작은 가정 농원이나 소규모 농원에서 농사를 지을 누군가를 필요로 하고 있습니다.

거의 매년 새 생명이 탄생할 수 있도록 씨앗을 심고 가꾸고 다시 씨앗으로 받아줄 사람이 없다면 다양한 씨앗은 사라져버리고 말겠지요. 해를 넘어 사용하지 못하는 F1 품종만 키워서는 곤란합니다. 더불어 살 수 있는 상생이 중요합니다.

참조 : 『씨앗이 위험하다』(노구치 이사오 지음, 일본경제신문출판사)

노구치 종묘연구소의 재래종·고정종 채소 씨앗입니다.

씨앗 항아리 안에 직접 채취한 씨앗을 보관합니다.

야생적인 삶

우리는 자연에서 살아가는 생물의 일원입니다. 생물로서 자연과 함께 땅과 함께 살아야 합니다. 하지만 언제부터인가 인간은 생물을 벗어난 삶을 살아가고 있습니다.

인간 본연의 야생성을 잃고, 편리하고 쾌적한 문명의 혜택에 길들여졌기 때문입니다. 야생과 문명은 항상 대립하고 있습니다. 모든 걸 야생으로 돌리자는 말이 아니라 조금이라도 더 야생적인 삶을 살아 보자는 것입니다.

그러려면 생물로서 인간의 모습이 무엇인지 바라봐야 합니다. 가능한 쓰레기를 만들지 않고, 만약 생기더라도 흙으로 돌려보내는 생활. 채소 꽁지를 땅으로 돌려보내는 생활. 땅으로 돌아가는 자연의 섭리를 긍정하는 생활. 저는 스스로의 삶을 설계할 때 그러한 생각을 뿌리에 두고 있습니다.

하나씩 하나씩 작은 생활을 살아가며 삶을 완성합니다. 몸속에 자연에서 얻은 것만을 채우는 일상, 자연 친화적인 삶의 방식이 당연한 세상이 되기를 바랍니다. 우선 나부터 자연으로 돌아가는 삶을 실천해야겠지요.

자급자족

밭에 있으면 자신을 되찾고 해방된 기분이 듭니다. 남성 중심적인 지금의 문명에서 멀리 떨어져 억압받고 남겨진 밭. 하지만 저는 이 땅을 생명이 탄생하는 장소라고 생각합니다. 생명이 이어지려면 없어서는 안 될 곳이지요.

밭에서 자급자족을 하면 더 이상 사는 일이 불안하지 않습니다. 먹을거리가 항상 밭에 있으니 안심이지요. 삶의 뿌리를 작은 생활과 자급자족에 두면 느긋하게 미소가 번지는 삶을 살 수 있습니다.

그러다 보면 가정은 생산하는 장소로 바뀝니다. 지금까지 많은 사람들은 가정은 소비하는 곳이라고 배워왔습니다. 생산을 하는 곳은 공장이나 기업이라고 배웠지요.

대량으로 만들어진 것을 가정에서 소비한다. 이것이 소위 풍요로운 사회를 만든다는 경제학입니다. 하지만 정말 이런 경제론을 통해 풍요로운 사회가 실현 가능할까요.

가정은 생명이 탄생하는 곳이고 삶을 만드는 터전입니다. 생명을 키워내고 풍요로운 사회를 만들기 위한 노력은 가정을 생산하는 장소로 인식하고 실천할 때 가능하지 않을까요. 그 발걸음은 이미 시작되었다고 믿습니다.

흙으로 돌아가다

지금 나는 살아 있다
나에게는 눈이 있다
나에게는 입이 있다
나에게는 코가 있다
나에게는 손이 있다
나에게는 발이 있다

나는 한 땀 한 땀 손으로 물건을 만들 수 있다
나는 밭에서 채소를 기를 수 있다
나는 장작으로 불을 피울 수 있다
나는 삶을 설계할 수 있다
그래서 지금, 살아 있다

살아 있다는 것은 하루하루를 살아가는 것
하루하루를 산다는 것은 무언가를 만드는 것

이윽고 모든 것은 땅으로 돌아간다

나도 땅으로 돌아간다

내 가족도 땅으로 돌아간다

내 집도 땅으로 돌아간다

내 가구도 땅으로 돌아간다

내 옷도 땅으로 돌아간다

그래서 땅으로 돌아갈 몸으로 아름다운 삶을

땅으로 돌아갈 몸으로 평화로운 삶을 사는 것

아름다운 삶을 만드는 일은 평화를 기도하는 것

숲에 사는 동물들은 자연에서 자급자족하며 살아갑니다. 인간만이 돈에 의지해 살고 있지요. 아주 조금이라도 스스로 먹을거리를 만들다 보면 자연의 풍요로움을 실감할 수 있습니다.

가족의 삶 전부를 자급자족하는 일은 아무리 저라도 불가능합니다. 하지만 오늘 작은 것부터 하나씩 자급자족하는 삶을 시작해보면 어떨까요. 가정을 생산의 장소로 되돌리는 일은 그렇게 어려운 일이 아닙니다. 누구라도 할 수 있습니다.

자연 속에서 사노라면 자연의 은혜를 느끼게 됩니다. 자연이 많은 것을 내어주고 있다는 것을 깨닫게 됩니다. 자연 속에서 살아 있는 생명의 기운을 받으며 산다는 감각이 무척 중요합니다.

아름다운 삶은 자연의 품속에 있고, 평화를 기원하는 마음으로 다른 생명과 이어지는 하루하루 속에 깃들어 있습니다.

절기 소한에

하야카와 유미

CHIISANA KURASHI NO TANE RECIPE
Copyright ⓒ 2017 by Yumi HAYAKAWA

Interior design by Hiromi WATANABE
Photographs by Nobuyoshi KAWAKAMI
All rights reserved.
First original Japanese edition published by PHP Institute, Inc., Japan.
Korean translation copyright ⓒ 2021 by Yeolmaehana
Korean translation rights arranged with PHP Institute, Inc. through CUON Inc.

이것으로 충분한 생활

2021년 5월 1일 초판 1쇄 발행

지은이   하야카와 유미
옮긴이   류순미

펴낸이   천소희
편집   박수희
제작   미래상상

펴낸곳   열매하나
등록   2017년 6월 1일 제25100-2017-000043호
주소   (57941) 전라남도 순천시 옥천길 144
전화   02.6376.2846 | **팩스** 02.6499.2884
전자우편   yeolmaehana@naver.com
인스타그램 @yeolmaehana
ISBN   979-11-90222-20-4 03590

이 도서는 마포구 브랜드 서체 Mapo꽃섬(김민정 디자인)과
Maop금빛나루(마기찬 디자인)를 사용하여 제작되었습니다.

 삶을 틔우는 마음 속 환한 열매하나